.

Band 0300

IKEBANA

Band I:

Moribana-Schalenarrangements

von

Gabriele Vocke

FALKEN-VERLAG · NIEDERNHAUSEN/TAUNUS

ISBN 3-8068-0300-5
© by Falken-Verlag Erich Sicker KG, 6272 Niedernhausen/Ts.
Fotos: Ulrich Jaeckel
Graph. Darstellungen: Renate Gardon
Gesamtherstellung: H. G. Gachet & Co., 6070 Langen

17   161   514   131   211   10

Inhalt

I. Vorwort: Autorin 7
    Dr. Hans Drissler 8
    Graf Lennart Bernadotte 9
    Dr. Gustav Schoser 10

II. Die geschichtliche Entwicklung von IKEBANA 11

III. Materialien, Hilfsmittel und Werkzeuge 17

IV. Grundregeln und allgemeine Techniken im Moribana 23
    Das richtige Auslichten und Beschneiden
    von Zweigen und Blumen 33
    Haltbarmachung von Blumen und Zweigen 39
    Die Trockenmaterialien und ihre Aufbewahrung 41

V. Der aufrechte und der geneigte Grundstil 43
    Geneigter Grundstil 57
    Variationen Nr. 1 60
    Variationen Nr. 2 65
    Variationen Nr. 3 71
    Variationen Nr. 4 75
    Variationen Nr. 5 80
    Variationen Nr. 6 88
    Variationen Nr. 7 94
    Variationen Nr. 8 98
    Das Mondarrangement 101

VI. Der freie Stil 101

VII. IKEBANA-Arrangements mit den bekanntesten Blumen
und dazu passenden Materialien 109
    Rosen 110, Nelken 114, Chrysanthemen 116, Iris 120
    Blumen, die sich nicht miteinander vertragen 122
    Pflanzen zur Ergänzung der Blüten und zum Abdecken
    des Kenzans 123

VIII. Festtagsgedecke 125

IX. Welches Arrangement in welchem Monat?
Tabelle von Januar bis Dezember 132

X. Symbolik der IKEBANA-Sprichwörter 146

XI. Bedeutung der gebräuchlichsten Ausdrücke 152

XII. IKEBANA als Untermalung nachempfundener Werke
alter und moderner Dichter 155

I. Vorwort

Mit dem vorliegenden Buch komme ich einem vielseitigen Wunsch sowohl von seiten der Schulen, insbesondere der Volkshochschulen vieler Städte, als auch einer großen Zahl meiner Schüler nach. Der letzte Anstoß zur Abfassung des Buches kam durch die Arbeiten mit dem Dritten Fernsehprogramm an einer IKEBANA-Sendereihe, zu der dieses Werk als ergänzendes Lehrbuch erscheint.

Für Interessenten an der Fernsehsendung in allen sechs Folgen, für Demonstrationen im größeren Kreis, für den Unterricht oder zur Unterhaltung sei der Hinweis gegeben, daß die komplette Sendung als Farbfernsehkassette und als 8 mm-Farbtonfilm bei der Firma Videothek Programm GmbH., Wiesbaden, Theodorenstr. 6–8, erschienen ist.

An dieser Stelle möchte ich Frau Oberstudienrätin Charlotte Stein, Dortmund, meinen besonderen Dank für ihre wertvollen Ratschläge bei den fortschreitenden Arbeiten des Manuskriptes zum Ausdruck bringen. Als Expertin der deutschen Blumenbindekunst und der Botanik konnte sie vieles zur Klarheit und Abgrenzung beitragen.

Gedankt sei auch Herrn Ulrich Jaeckel, Frankfurt/M., der die Fotografien zu diesem Buch mit großem Können und viel Geduld nach meinen Vorstellungen und Wünschen angefertigt hat, sowie dem Falken-Verlag für das angenehme Zusammenwirken.

Auch allen IKEBANA-Schülern und Freunden, die durch liebenswerte Unterstützung zum Gelingen des Buches beigetragen haben, gilt mein Dank.

Gabriele Vocke

Zum Geleit

IKEBANA ist eine einzigartige Kunst, die seit Hunderten von Jahren das Leben der Japaner bereichert und verschönert. Die Regeln des IKEBANA lehren, auf einfache Weise Schönheit und Harmonie zu schaffen.

Der Autorin dieses Buches, Frau Gabriele Vocke, wurde nach dreijährigen Studien an der berühmten Sogetsu-Akademie in Japan einer der höchsten Titel zur Ausübung dieser Kunst und zur Erteilung von Meisterdiplomen der Akademie verliehen. Als authentischer und qualifizierter Vermittler der IKE-BANA-Kunst in Deutschland hat Frau Gabriele Vocke erst vor wenigen Monaten in Karben bei Frankfurt/Main eine eigene Schule eröffnet, in der interessierte Freunde dieser Kunst zu offiziell anerkannten Lehrkräften mit den höchsten Graden der Sogetsu-Akademie in Tokyo ausgebildet werden können.

Im Zusammenhang mit einer unter der Leitung von Frau Gabriele Vocke durchgeführten Sendereihe für das Dritte Fernsehprogramm wird dieses Buch veröffentlicht, das sich sowohl für den schulischen Unterricht, z. B. an Volkshochschulen, Berufs- und Gewerbeschulen, als auch für den Selbstunterricht vorzüglich eignet. Ich bin überzeugt, daß dieses Buch eine erfreuliche und nützliche Ergänzung zur bestehenden IKEBANA-Literatur darstellt und als ein im wesentlichen praxisbezogenes Lehrbuch eine bestehende Lücke auf dem deutschen und internationalen Büchermarkt schließt.

Dr. Hans Drissler
Japanischer Generalkonsul

Zum Geleit

Von Graf Lennart und Gräfin Sonja Bernadotte,
Insel Mainau/Bodensee

Sehr verehrte Frau Professor Vocke,

die Begeisterung für Blumen, Pflanzen und Gärten ist ein internationales grünes Band, das Ost und West verbindet. Aus Japan sind zu uns Impulse gekommen, die heute aus der Gartenkultur Europas nicht mehr wegzudenken sind. Die Kunst der stillen Versenkung in die Schönheit der Blumen und Gärten ist ein Geschenk des fernen Asien, welche vielen Menschen erst die Wesenswelt der Pflanzen – unseren grünen Lebenshelfern – ganz eröffnet hat.

In diesem Sinne haben meine Frau, Gräfin Sonja Bernadotte und ich das Manuskript Ihres Buches gelesen, das Sie uns zugesandt haben.

Wir beide wünschen aufrichtig, daß es Ihnen durch Ihre Hinweise, Ratschläge und Bilder gelingt, viele Menschen aus dem täglichen Allerlei durch das Medium Pflanze zu einer besseren Welt zu leiten, die ein Abglanz des ganzen Universums ist.

In diesem Sinne viel Erfolg.

Mit freundlichen Grüßen

(Graf Lennart Bernadotte)

9

Zum Geleit

Die Kunst des Blumensteckens gewinnt in Deutschland immer mehr Freunde. So ist es nicht verwunderlich, wenn auch IKEBANA sich zunehmender Beliebtheit erfreut.

Die Beschäftigung mit der Pflanze zur Zierde von Haus und Heim gehört zur menschlichen Kultur schlechthin. Jedes Volk und jede Epoche hat seine Formen und seinen Ausdruck zu finden versucht. Man könnte sich nun fragen, warum wir Westeuropäer uns mit IKEBANA beschäftigen sollen. Liegt es an der von Geheimnissen umwobenen Eigenart des Ausdruckes und der Aussage? Sicherlich ist das einer der vielen Gründe, sich mit IKEBANA zu befassen. Aber vielleicht ist es einfach der Wunsch, sich intensiv mit dem Schönen dieser Welt zu umgeben und darüber nachzudenken. Deshalb kann und wird es nicht die Aufgabe des „europäischen" IKEBANA sein, nur nachzuvollziehen, sondern die gestalterischen Elemente aufzugreifen und in unsere Welt, in unsere Zeit zu transponieren. Damit aber ist IKEBANA der Weg zu einer eingehenden Beschäftigung mit der Pflanze und mit deren Blüte als Ausdruck kraftvollen Lebens.

Dr. Gustav Schoser
Direktor des Palmengartens

II. Die geschichtliche Entwicklung von IKEBANA

Was heißt „IKEBANA"? Das Wort kommt aus dem Japanischen und bedeutet sowohl „gesteckte" als auch „lebendige" Blume. Denn der Wortteil „ike" leitet sich ebenso von „ikeri" = stecken, wie von „ikeru" = lebendig ab. „Bana" oder „hana" ist das japanische Wort für Blume. IKEBANA heißt also: „Die lebendig gesteckte Blume" oder auch: „Blumen zum Leben erwecken". Der Überlieferung nach hat der japanische Gesandte Ono no Imoko vor über 1000 Jahren in China beobachtet, wie man in Tempeln vor Buddha-Statuen Blumen als Opfergabe aufstellte. Durchdrungen von dem Gedanken, Blumen einzeln aufzustellen, um so jeder Blume eine ihr eigene Aussagekraft zu verleihen, verbreitete er diese Idee später in Japan. Er war es auch, der als Mönch und später als Abt die buddhistischen Priester in Japan aufforderte, Blumen und Zweige nur nach strengen Regeln aufzustellen, um durch sie die Harmonie der Menschen zu ihrer Umgebung wiederherzustellen.

Die Blumenarrangements waren also als Opfergabe für Buddha gedacht. Ihre älteste Form, das „Rikka", heißt „stehende Blume". Sie war zunächst die einzige authentische Ausdrucksform des IKEBANA. Als „Shin no Hana", das heißt „Blumen für den Himmel", wurden die Rikka-Arrangements in den buddhistischen Tempeln zur Rechten und zur Linken des Altars in kostbaren Bronzegefäßen aufgestellt. Alle Blumen und Zweige waren immer himmelwärts gerichtet, um den Glauben anzudeuten und das ewige Ringen des Menschen um Erkenntnis darzustellen. Selten fehlte im Rikka der Kiefernzweig, der Felsen und Steine symbolisiert oder den heiligen Berg „Shumisen", der das All der Buddhisten versinnbildlicht. Hieraus erklärt sich auch heute noch die Höhe eines Rikka-Arrangements von 1,50 bis 2 Meter.

1545 erschien das erste ausführliche Buch über den Rikka-Stil und dessen Aufbau von Ikenobo-Sen' ei Densho. Es enthielt bereits die genaue Beschreibung der Hauptlinien.

Die Hauptlinie Shin bedeutet Wahrheit und wird in der Regel durch einen geraden, in der Mitte angeordneten Kiefernzweig dargestellt. Sie ist dominierend, während die weiteren sechs bzw. acht Linien immer nur dienend oder unterstützend und vervollständigend angeordnet werden.

Wir kennen beim Rikka folgende Linien:

a) Shin   = Hauptlinie
b) Soe   = unterstützender Zweig
c) Uke   = empfangender Zweig
d) Shô-Shin   = vollendender Zweig
e) Mikoshi   = überhängender Zweig
f) Nagashi   = fortstrebender oder dahingleitender Zweig
g) Hikae   = wartender Zweig
h) Dô   = Fundament oder Rumpf
i) Mae-oki   = innerer oder hineinführender Zweig

                    und folgende zusätzliche Zweige:

k) Oha   = große Blätter
l) Ushiro-gakoi = den Hintergrund abrundender Zweig
m) Ki-dome   = letztes Zweigmaterial, das beigefügt wird
n) Kusa-dome   = letztes Blütenmaterial, das beigefügt wird.

Andere Zweige, die nicht besonders bezeichnet worden sind, werden auch Ashirai genannt.

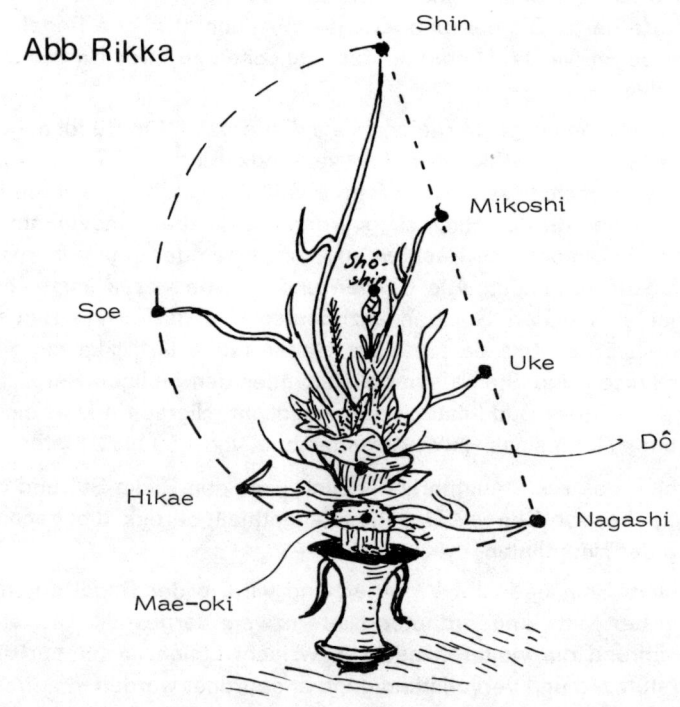

Abb. Rikka

Heute wird ein solches Arrangement in Japan immer noch zu bestimmten Anlässen erstellt. Diese schwierige, anstrengende Arbeit wird jedoch meist nur von Männern ausgeübt und kann mehrere Tage in Anspruch nehmen. Gelehrt und angewendet wird dieser Stil zur Zeit noch in der Ikenobo-Schule, die den Namen „Iemoto", das heißt „Schöpfer des japanischen Blumenweges" von Kaiser Joshimasa verliehen bekam.

Bereits im 15. Jahrhundert wurden die Regeln des IKEBANA vereinfacht und dadurch natürlicher. Joshimitsu Ashikaga, der Erbauer des goldenen Pavillons in Kyoto, der ein besonderer Blumenliebhaber war, setzte sich dafür ein. Er ließ erstmals zahlreiche Rikka-Arrangements anläßlich des Sternenfestes aufbauen. Das Fest wurde nicht nur von den Priestern besucht, sondern auch von den Shogunen, Adligen, Rittern und von der obersten Bürgerschicht, deren besondere Freude es bald war, die kunstvoll arrangierten Blumen zu bewundern.

Aus dem IKEBANA als einem religiösen Ritual entwickelte sich nach und nach eine weltliche Kunst. Die Gestecke wurden wesentlich niedriger und gefälliger und hielten Einzug in die Häuser der oberen Gesellschaftsschicht. Der vorgeplante Platz für das IKEBANA-Arrangement im Hause war die Tokonoma, eine Nische, die zunächst der Ahnenverehrung und als Hausaltar diente. Aber auch zu rein dekorativen Zwecken wurde IKEBANA bald mehr und mehr verwandt.

In der Azuchi-Momoyama-Periode gegen Ende des 16. Jahrhunderts entwickelte sich das Nageire. Im Laufe der Zeit kristallisierten sich drei unterschiedliche Stile des Nageire heraus: Chabana, Seika und Ikekomi.

Chabana wurde für die Teezeremonie geschaffen. Man verwendete hierbei vorzugsweise Iris-Blüten, Pflaumen-Blütenzweige oder einzelne Chrysanthemen, dargestellt in Bambus- oder Korbgefäßen. Er gilt auch heute noch als der schlichteste Stil des IKEABANA.

Von der Teezeremonie losgelöst ergab sich der Seika-Stil, der in der Regel drei asymmetrisch angeordnete Zweige aufweist. Diese drei Linien sind: Ten = der Himmel, Ju = der Mensch und Shi = die Erde.

Unter Ikekomi verstehen wir heute das eigentliche Nageire als das lockere Einordnen mehrerer Blumen und Zweige in ein schlankes Gefäß oder eine hohe Vase.

IKEBANA hat sich im Wandel der Jahrhunderte den Lebensgewohnheiten und Weltanschauungen der Menschen stets angepaßt. Daraus erklärt sich auch der zahlreiche Stilwechsel in den verschiedenen Epochen.

Seit dem 15. Jahrhundert ist IKEBANA eine eigenständige Volkskunst in Japan. Im 19. Jahrhundert wurde es Lehrfach an den Schulen. Eigentlich erst seit dieser Zeit wird IKEBANA auch von Frauen erlernt und ausgeübt, wohingegen die Zahl der Männer, die diese Kunst ausführen, immer mehr zurückgegangen ist.

Von den zahlreichen in Japan heute existierenden IKEBANA-Schulen sind drei von besonderem Interesse:

die IKENOBO-Schule
die OHARA-Schule
die SOGETSU-Schule.

Die IKENOBO-Schule geht zurück auf die Anfänge im IKEBANA. Ikenobo bedeutet „Hütte im Teich", und es waren die frühesten IKEBANA-Meister, die in einer Hütte am Teich in Kyoto diese Kunst lehrten und praktizierten. So trägt diese älteste Schule einen Namen, der von der ersten IKEBANA-Stätte hergeleitet ist. Die Ikenobo-Schule lehrt daher noch die großen klassischen Formen der japanischen Blumenkunst, und zwar als einzige Schule den Rikka-Stil. Ferner bietet diese Schule eine Kombination aus Rikka und Nageire an, das Shoka.

Das Shoka-Arrangement kennt den Aufbau in drei Stufen: Vergangenheit – Gegenwart – Zukunft. Shoka, ursprünglich für die reichen Kaufleute ge-dacht, ist auch heute noch ein eleganter, ausgewogener Blumenstil. Es gibt eine Reihe von interessanten Variationen im Shoka-Stil: neben dem auf-rechten auch noch den fließenden und den hängenden Stil. Neben Rikka und Shoka pflegt diese Schule auch das Nageire und Moribana in der klas-sischen Form.

Die OHARA-Schule wurde um 1900 gegründet, geht aber schon auf die Zeit der Mitte des letzten Jahrhunderts zurück, als Japan erstmals seine Tore für Europa und die übrige westliche Welt öffnete. Der Bildhauer Unshin Ohara hatte in seiner Jugend die Gesetze der Ikenobo-Schule eifrig studiert. Jedoch fand er, in einer Zeit, als viele neue Eindrücke entstanden und erstmals abendländische Kunst im Lande bekannt wurde, die starren Regeln unzeit-gemäß und überholt. Seinen Ideen entsprechend gründete er mit Gleich-gesonnenen die Ohara-Schule. Diese lehrt einen naturverbundenen und modernen Moribana-Stil, den Wald- oder Landschaftsausschnitt. Angeordnet in einer flachen Schale, wird er gehalten durch die Nadeln des Kenzans.

Moribana und Nageire werden in der Ohara-Schule nach einem eigenen Plan gelehrt, der fünf Grundmethoden und fünf Grundstile unterscheidet:

1. Aufrechter Stil
2. Gleitstil
3. Kaskaden-Stil
4. Himmelstrebender Stil
5. Kontrast-Stil

14

und daneben folgende Methoden:

a) Natürliche Methode   Blumen und Zweige werden auf natürliche Art und Weise arrangiert

b) Farbschema-Methode   Harmonie entsteht durch verschiedene Farbstufungen

c) Betonungsmethode   benutzt die Fülle von Blumen und Zweigen, um nachdrücklich zu wirken

d) Linien-Methode   beruht auf Führung von Schwerpunktlinien

e) Abstrakte Methode   bezieht sich auf nichtpflanzliche Materialien, wie Steine, Sand, Glas, Eisen etc.

Wird heute, besonders in der westlichen Welt, von IKEBANA gesprochen, so meint man damit in erster Linie die SOGETSU-Schule. Durch diese Schule ist IKEBANA weit über die Grenzen Japans hinaus verbreitet worden und erfreut sich wachsender Beliebtheit in Europa, den USA, Indien, Südafrika, Australien und in der UdSSR, also praktisch in der ganzen Welt. In all diesen Ländern bestehen Zweigniederlassungen der Sogetsu-Akademie.

Das IKEBANA in Deutschland, ebenso wie in den USA, in England, Frankreich und den anderen Ländern ist durch die Mentalität der Menschen des Landes und zu einem gewissen Teil auch durch die in den Ländern spezifisch vorkommenden und bevorzugten Blumen und Pflanzen geprägt und abgewandelt worden. Diese Entwicklung, die noch in vollem Gange und noch lange nicht abgeschlossen ist, verdanken wir in erster Linie dem Begründer der Sogetsu-Schule und dem derzeitigen Leiter dieser Schule in Tokyo, Sofu Teshigahara. Er hat die vielfach erstarrten Formen des IKEBANA neu belebt und dadurch IKEBANA für den modernen Menschen erst zeitgemäß und verständlich gemacht.

Sofu Teshigahara wurde 1907 in Tokyo geboren und erhielt von seinem Vater bereits in frühester Kindheit IKEBANA-Unterricht in allen Stilarten. Zunächst Bildhauer und Kalligraph, wurde er bald zum berühmtesten lebenden IKEBANA-Meister. 1928 war Sofu Teshigahara der eigentliche Urheber eines Manifestes, bei dem er eine neuentstandene Richtung verkündete: „IKEBANA muß heraus aus der Tokonoma-Nische und frei werden von allen traditionellen und religiösen Riten und Gebräuchen."

Er wollte eine optimale Synthese der in Japan vorhandenen Blumenkunst, ein zeitgemäßes IKEBANA, schaffen. Erst in der Form, wie es Sofu Teshigahara geschaffen hat, ist IKEBANA auch für uns Europäer eine leicht erfaßbare und verständliche Kunstform geworden. Sie hat sich nicht nur in Deutschland, sondern auch in den übrigen Ländern Europas und der ganzen Welt überraschend schnell verbreitet.

In der Sogetsu-Schule muß ein Schüler, besonders wenn er später ein Meister dieser Kunst werden will, die Grundregeln des Moribana kennen und beherrschen. Moribana ist die natürlichste, dem Künstler alles ermöglichende Form des IKEBANA. Die Sogetsu-Schule lehrt Moribana (Landschaftsausschnitt in der Schale) und Nageire (lockere Anordnung von Blumen und Zweigen in der Vase). Wir unterscheiden acht Variationen der aufrechten und die gleiche Anzahl in der geneigten bzw. hängenden Form. Moribana ist sicherlich heute die beliebteste und für den Anfänger auch interessanteste Ausdrucksform des IKEBANA. Wer die Grundregeln der Sogetsu-Schule einmal beherrscht, kann dann in Anlehnung an diese Regeln Kunstwerke aus frei gewähltem Material, Kompositionen der sogenannten freien Formen schaffen, ohne dabei die Kunstform des IKEBANA zu verlassen.

„Ich bin in der Natur, sie ist in mir." Diese Interpretation Sofu Teshigaharas für das IKEBANA sollten wir uns zu eigen machen, wenn wir nunmehr Schritt für Schritt in das IKEBANA eindringen und zunächst seine Regeln praktisch erlernen wollen.

III. Materialien, Hilfsmittel und Werkzeuge

Als Gefäß verwenden wir für den Anfang möglichst einfache und neutrale Schalen. In der Regel arbeiten wir in Keramik- oder Porzellanschalen mit kreisrunden, halbmondförmigen, rechteckigen oder quadratischen Grundrissen. Wir bevorzugen zunächst Gefäße in schwarzer, grauer, weißer oder dunkelblauer und erdfarbener Tönung. Vor allem dunkle Farbtöne haben den Vorteil, dem Arrangement im unteren Bereich eine zusammenhaltende optische Schwere zu geben. Auf Blumenmuster und andere Dekors der Schalen sollten wir grundsätzlich verzichten. Beim Kauf der Schale achten wir ferner darauf, daß Farbe und Form auch zur Wohnungseinrichtung und Umgebung passen. Der Boden der Schale muß immer eben sein, darf also keine Vertiefungen oder Erhebungen aufweisen. Wählen Sie die Schale nicht zu klein, d. h. 25 bis 30 cm Durchmesser für eine runde und 7 bis 12 cm für eine rechteckige Schale. Der Schalenrand sollte möglichst senkrecht hochgezogen sein und eine maximale Höhe von 5 bis 6 cm bei den oben besprochenen Gefäßen haben. Ein höherer Rand würde unser Arrangement unelegant und plump wirken lassen. Die Mindesthöhe des Schalenrandes resultiert daraus, daß der Kenzan gut mit Wasser bedeckt sein muß und für den Transport der Schale ca. 2 cm höher sein soll als die Wasseroberfläche.

Mit Steinen, Wurzeln und Zweigen schaffen wir die gewünschte Verbindung und runden die IKEBANA-Komposition ab.

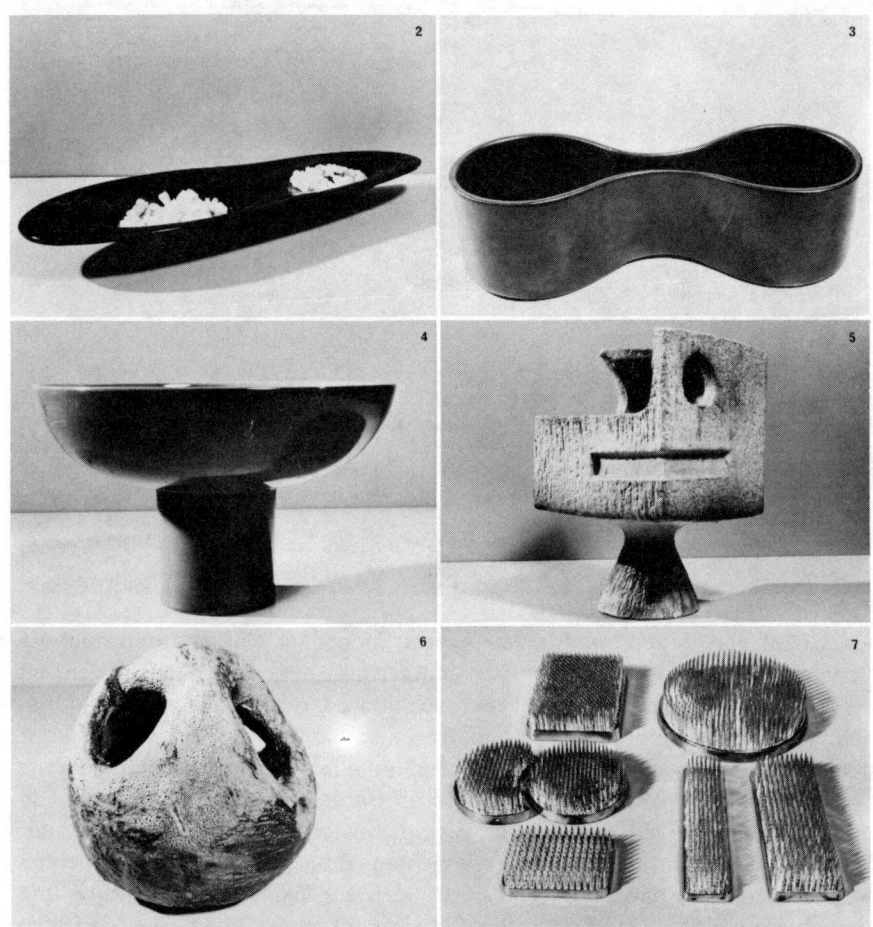

Wenn Sie später einmal die Grundregeln beherrschen und zu den freien Arrangements übergehen, also Ihrer Phantasie noch mehr Spielraum lassen, werden Sie ausgefallenere Gefäßformen, die größeres Können und Erfahrung voraussetzen, benutzen. Die Abbildungen zeigen Formen von Schalen, die Sie im deutschen Fachhandel käuflich erwerben können. Es gibt heute auch schon Fabrikate, deren Beschaffenheit in Material (keine Wasserdurchlässigkeit), Form, Farbe und Dimension ganz den international gültigen IKEBANA-Richtlinien entsprechen, wie die Marken Gavoso und Ikeflora, um nur einige zu nennen.

Leider sind im Handel nicht immer alle Werkzeuge und Hilfsmittel so, wie sie angeboten werden, wirklich ikebanagerecht. Um Fehleinkäufe zu vermeiden, sollten wir uns daher über die richtige Beschaffenheit und Ausführung der Werkzeuge folgendes einprägen.

Unser wichtigstes, unentbehrlichstes Hilfsmittel zum Arrangieren der Blumen ist der Kenzan, in Deutschland auch „Igel" genannt. Er besteht aus einer Blei-Silamon-Platte, die eine nicht zu geringe Höhe aufweisen muß, um die erforderliche Schwere zu haben. Entscheidend für die Qualität des Kenzans sind die *dichte* Bestückung und die *vierkantige* Form der Messingnadeln. Da der Kenzan praktisch keinen Verschleiß aufweist, werden Sie jahrelang an ihm Freude haben. Es lohnt sich, bei der Anschaffung darauf zu achten, daß es sich um einen original japanischen Kenzan der oben beschriebenen Art handelt. Die Vierkantmessingstifte rosten nicht und sind äußerst blumenfreundlich. Sie geben den Blumenstielen einen besonders festen Halt und ermöglichen den Pflanzenstielen eine optimale Wasseraufnahmefähigkeit. Auf einen solchen Kenzan gesteckte Blumen halten wesentlich länger frisch als in herkömmlichen Vasen. Diese Erfahrung werden auch Sie sehr rasch machen.

Welche verschiedenen Formen von Kenzanen Sie sich nach und nach anschaffen sollten, zeigt die Abbildung Nr. 7. Besonders gut geeignet für den Anfänger in IKEBANA ist der sog. Vollmond-plus-Halbmond-Kenzan, dessen Halbmond oft zum Beschweren des ungleich belasteten Vollmond-Kenzans benötigt wird. Größere Gestecke, bei denen wir Wurzeln und schwere Zweige, wie Kastanien- und Kiefernzweige, verwenden, erfordern einen dementsprechend großen, runden oder rechteckigen Kenzan. In langgestreckten Schalen, in sogenannten Booten oder auch in Hängemonden benutzen wir schließlich die schmalen Kenzane. Wählen Sie lieber einen größeren als einen zu kleinen Kenzan für Ihr Gesteck; bei guter Standfestigkeit haben Sie mehr Freude am Arrangieren.

Neben Schale und Kenzan brauchen wir eine Ikebana-Schere. Sie muß doppelseitig geschliffen sein; nur so kann vermieden werden, daß die empfindlichen Zellen des Blütenstieles beim Schneiden gequetscht oder gedrückt werden. Achten Sie also beim Kauf auf die *beidseitige* Schnittfläche. Deutsche Gartenscheren sind in der Regel nur auf einer Seite geschliffen. Mit ihnen können wir gut Zweige, aber keine Blumen schneiden. Es lohnt sich die zusätzliche Anschaffung einer Original-IKEBANA-Schere, die zugleich für Blumen und Zweige benutzt werden kann. Denn wie Sie an späterer Stelle erfahren, werden auch Pflanzenblätter ihrer Form entsprechend nachgeschnitten; dazu ist die beidseitig geschliffene Schere ebenfalls unerläßlich. Um die Schere gefahrenlos auf Spaziergängen beim

Sammeln von IKEBANA-Material mitnehmen zu können und um ferner die Schnittflächen gegen unerwünschte Einwirkung zu schützen, hat sich eine Schutzkappe aus Plastik oder Leder als sehr praktisch erwiesen.

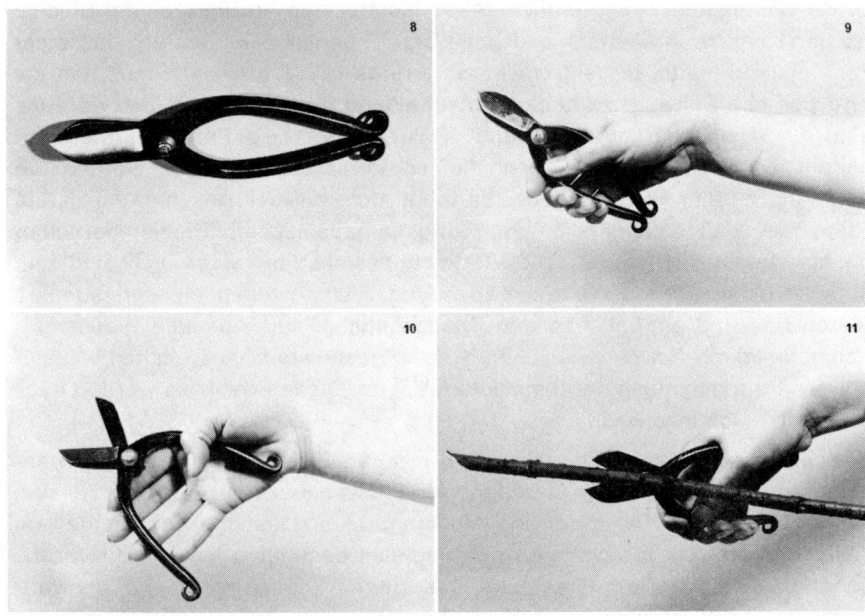

Da an der Original-IKEBANA-Schere keine Rückstellfeder vorhanden ist, wird der obere Scherenarm zwischen Daumen und Zeigefinger gehalten. Zum Öffnen genügt es, den unteren Arm der Schere auf Grund seiner Schwere in der geöffneten Hand entsprechend weit nach unten gleiten zu lassen. Beim Schneiden wird dann der untere Scherenarm so weit herangezogen, daß sich die Schneidflächen schließen.

* Das sind die wesentlichsten und unentbehrlichen Voraussetzungen zur Herstellung eines IKEBANA-Arrangements und zum Erwerb von Schalen, Kenzanen und Scheren. Darüber hinaus gibt es noch eine Reihe von Hilfsmitteln, die uns gute Dienste leisten, wenngleich wir auch zur Not auf sie verzichten können, zumindest für den Anfang.

Bei Verwendung von Wasserpflanzen, wie Seerosen, Lotos- und Agapanthusblüten, verabreichen wir diesen, damit sich ihre Blüten bei Einbruch der Dunkelheit nicht schließen und sie länger frisch bleiben, eine Impfung mit einer alkoholischen Nikotinlösung mittels einer IKEBANA-Spritze.

Zum Anschneiden von Blumen und Zweigen stellen wir ein mit Wasser gefülltes Gefäß bereit. Ein Trockentuch dient zum Abtrocknen der benutzten Schere. Zum Aufrichten verbogener Kenzan-Nadeln und zum Reinigen derselben verwenden wir den Kenzan-Aufrichter.

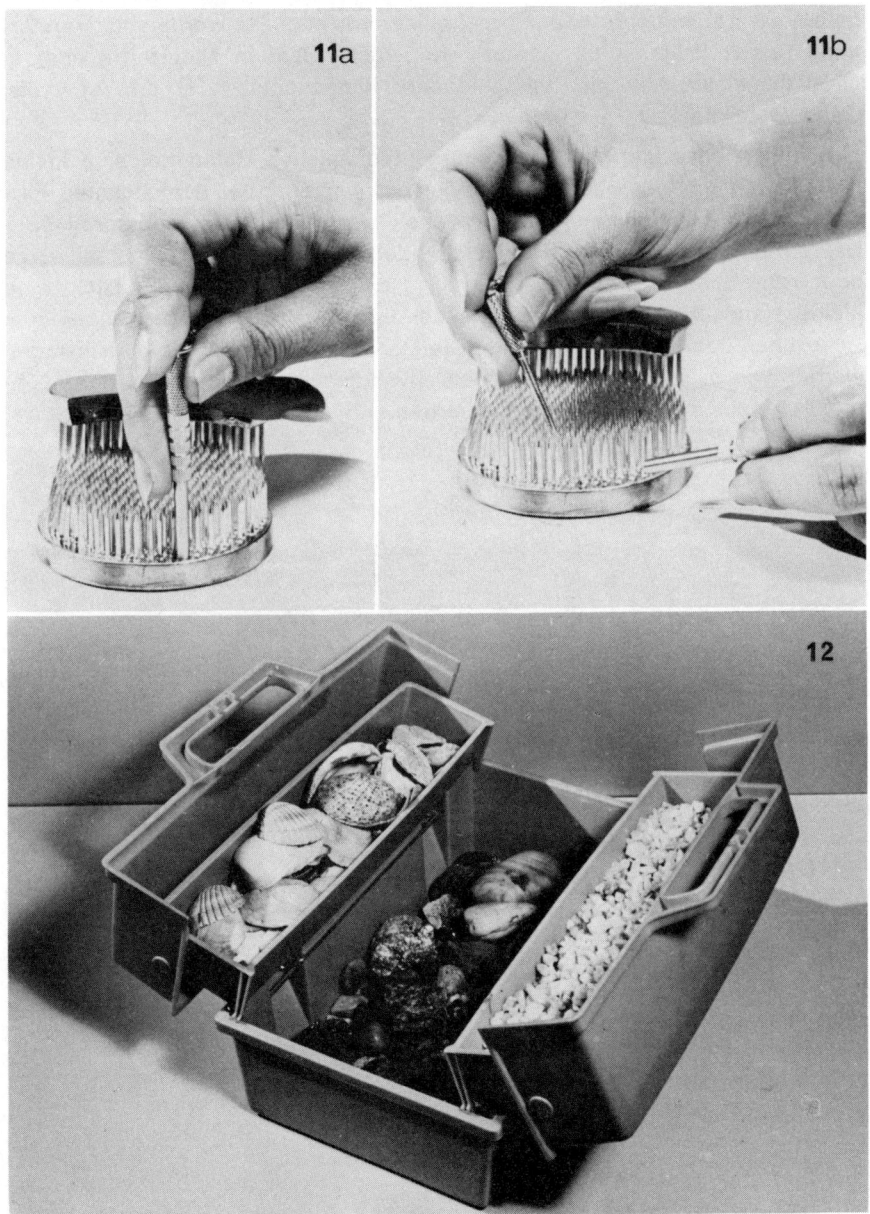

11a

11b

12

Praktisch ist es auch, zum Abdecken des Kenzans einige Materialien, wie Muscheln, Kieselsteine verschiedener Größe, Bruchsteine etc. in Plastik- oder Holzkästen bereitzustellen. Zum Verstärken dünnstieliger Blumen wie Veilchen, Maiglöckchen etc. verwenden wir u. a. Naturstrohhalme. Es ist daher ratsam, immer eine genügende Menge zur Hand zu haben. Ebenso halten wir Zahnstocher oder Streichhölzer vorrätig. Sie werden zur Verstär- kung hohler Blütenstiele in diese eingeführt. Bast in Naturfarbe oder in Grün dient zum Abbinden verschiedener Blumenstiele, z. B. der Amaryllis, Calla, Osterglocken, Irisblüten u. a. m.

Schließlich benötigen wir als weiteres technisches Hilfsmittel eine kleine Rolle durchsichtiges Klebeband, einen schwarzen bzw. dunkelblauen Filz- stift, grünen Blumensteck- oder Wickeldraht, eine Dose Floraspray oder Haarspray, Streichhölzer, Bierdeckel oder selbstklebenden Filz, schwarze oder rote Schuhfarbe, Autolack (rot), Schneespray, farblosen Lack, eine kleine Handsäge, ein scharfes Messer und einen Wasserzerstäuber zum Ansprühen des fertigen Gestecks. Die Verwendung dieser vielen Hilfsmittel werden wir im Verlauf der Lektionen sowie zusammenfassend in den näch- sten Kapiteln von S. 23–100 kennenlernen.

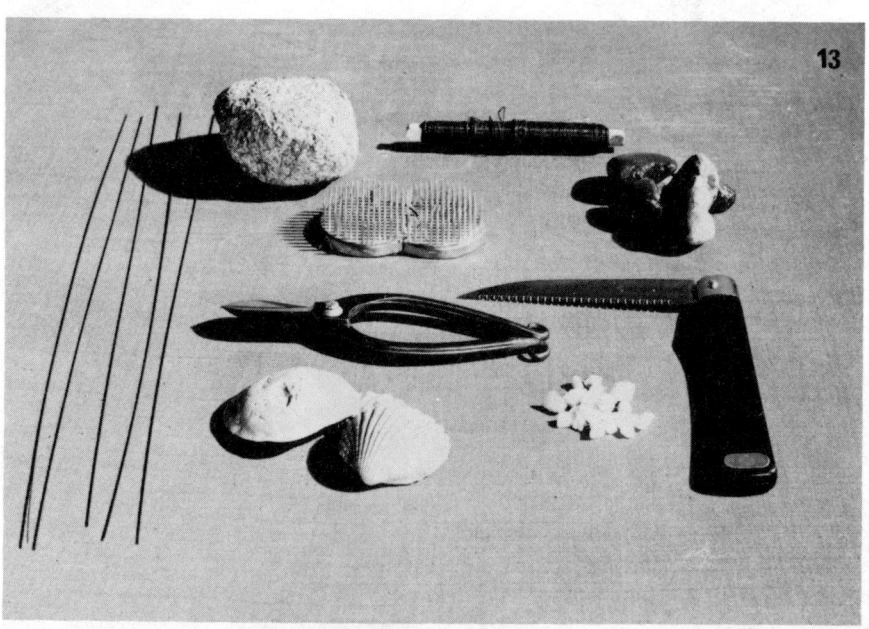

13

IV. Die Grundregeln und die allgemeinen Techniken im Moribana

Bei allen Grundstilen des Moribana, die wir jetzt kennenlernen wollen, spielt das Symbol der Dreiheit eine wesentliche Rolle. Der tiefere Sinn dieser Dreiteilung ist das Verhältnis des Menschen zu seiner Umwelt, zum All, zu Weg und Ziel. Immer werden wir diese drei Linien in Grundstilen des Moribana verdeutlicht finden. Damit wir diese drei Hauptlinien auf den ersten Blick hin erkennen, werden sie graphisch unterschiedlich gezeichnet. Die längste Linie ist genannt Shin, versinnbildlicht den Himmel und wird durch einen Kreis dargestellt. Die zweite Linie ist der im Mittelpunkt stehende Mensch, genannt Soe, und wird durch ein Quadrat symbolisiert. Die Erde, als drittes Symbol wird Hikae genannt und durch ein Dreieck graphisch wiedergegeben. Diese drei Hauptlinien können sowohl durch Zweige und Blumen als auch durch Wurzeln und Steine ausgedrückt werden.

Graphik I

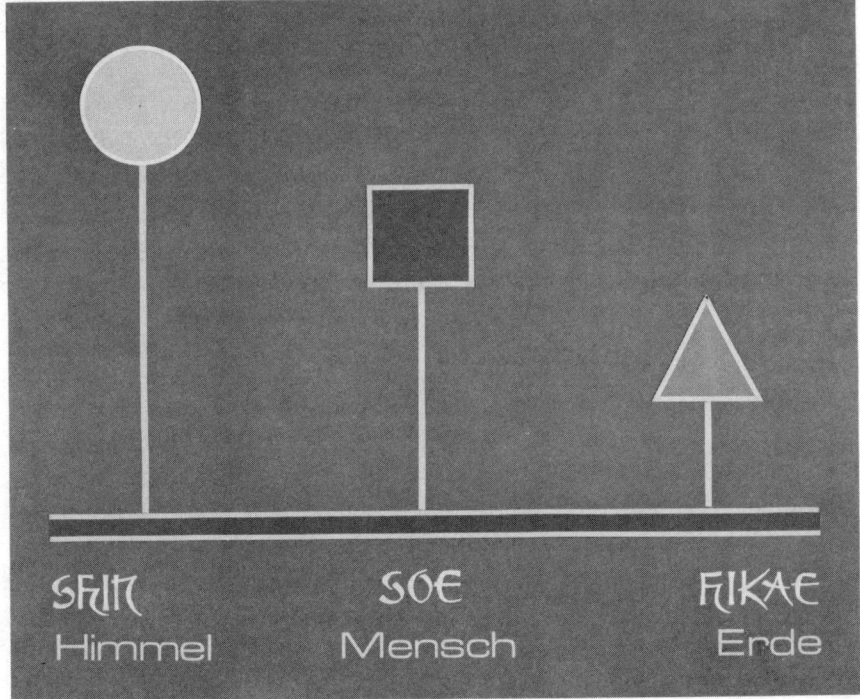

SHIN — Himmel   SOE — Mensch   HIKAE — Erde

Je nach dem verwendeten Material kann jede dieser Hauptlinien beigeordnete Linien erhalten. Ob und wieviele solcher Verstärkungen, die wir auch mit Jushis bezeichnen, in das jeweilige Arrangement eingefügt werden, ist von der Größe der Schale und der Art des zu verarbeitenden Materials abhängig. Als Jushis finden Zweige, Blumen und Blätter Verwendung. Sie werden immer gestuft, und zwar kürzer als die Hauptlinie, beigeordnet. Die Aufgabe solcher Beizweige ist es, die Hauptlinie in ihrer Linienführung zu unterstreichen und zu verstärken.

Graphik II

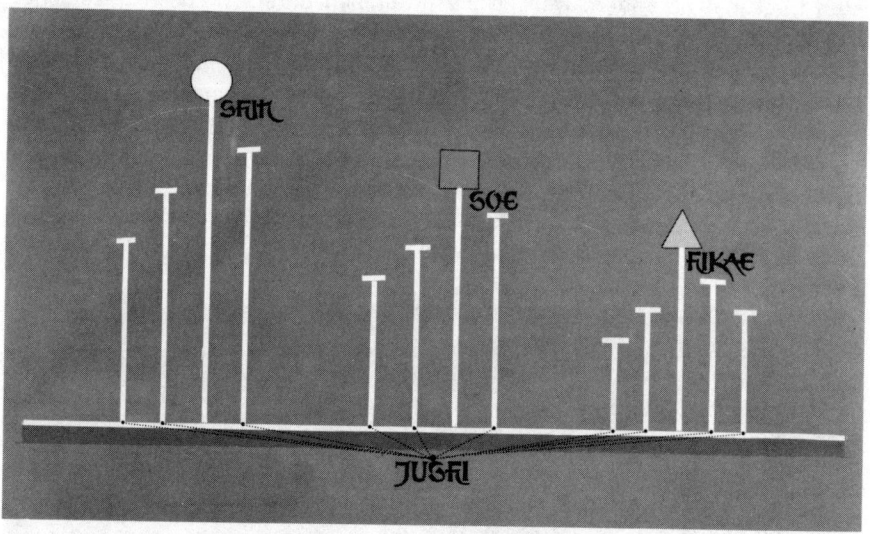

Wie Sie der Graphik II entnehmen können, kann der längste Beizweig des Shin durchaus länger sein als Soe. Jushis stellen wir graphisch durch einen waagerechten Balken dar. Wir sollten uns merken, daß jedes Moribana in drei verschiedenen Größen, unter denen wir wählen können, gearbeitet werden kann. Die Längen der drei Hauptlinien sind immer harmonisch auf die Größe der verwendeten Schale abgestimmt.

Bei dem kleineren Arrangement ergeben Schalendurchmesser plus Schalenrandhöhe zusammen das Längenmaß für die längste Linie Shin. Die zweite Linie Soe beträgt in ihrer Länge dreiviertel von Shin. Die dritte Linie Hikae mißt wiederum dreiviertel des Maßes von Soe.

Bei der mittleren oder Standardgröße eines Moribanas wird für Shin die eineinhalbfache Summe, gebildet aus Schalendurchmesser und Schalenrandhöhe, genommen. Soe und Hikae haben wieder dreiviertel der Länge der jeweils vorangehenden Linie. Für das große Gesteck, das sich beson-

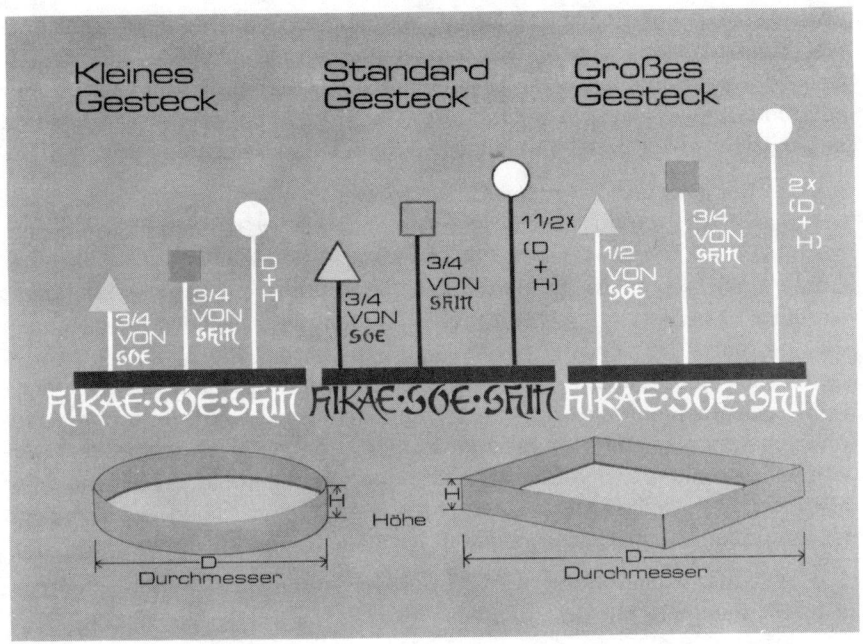

Graphik III

Graphik IV

25

ders gut zu Dekorationen von Dielen und Empfangsräumen eignet, hat Shin die doppelte Länge des Schalendurchmessers plus der Schalenrandhöhe. Soe ist wieder dreiviertel von Shin. Doch ist Hikae bei diesem Gesteck nur halb so lang wie Soe. Da Hikae in der Regel flach angeordnet wird, würde er bei größerer Länge zu weit aus der Schale herausreichen.

Welche der drei Größen eines Gestecks Sie wählen, hängt in erster Linie von dem Platz, der für das fertige Arrangement zur Verfügung steht, ab. Auch das zur Verwendung kommende Material beeinflußt die Wahl der Größe eines Gesteckes. So dürfen Iris, Rittersporn oder Lupinen nie kürzer als etwa 30 bis 40 cm hoch verarbeitet werden. Desgleichen verlieren viele Zweige an Ausdruckskraft, wenn sie zu kurz abgeschnitten werden. Schließlich spielt auch die Größe der Schale eine nicht unwesentliche Rolle. Bei Schalen von etwa 30 cm Durchmesser aufwärts in runder, quadratischer, ovaler oder rechteckiger Form (Diagonale = Durchmesser) werden wir das mittlere, das Standardmaß, oder das kleine Maß vorziehen. Für noch kleinere Schalen, deren Durchmesser im Bereich von etwa 15 cm liegt, ist es ratsam, das größtmögliche Maß für diese Schale zu verwenden.

Die IKEBANA-Komposition wird immer von oben nach unten aufgebaut, d. h. wir beginnen mit der Hauptlinie Shin.

Nach welchen Gesichtspunkten wählen wir nun die Blumen, Zweige und andere Komponenten für die drei Hauptlinien? Wir merken uns als Faustregel, *daß für die längste Linie Shin leicht wirkende Materialien, wie knospige Blumen, hellfarbige Blüten und schlanke Zweige besonders geeignet sind.*

Durch einen kräftigen, akzentuierten Zweig oder durch eine üppige Blüte darf dagegen der zweite Punkt – Soe – gleichbedeutend mit Mensch, dargestellt werden. Das unterstreicht den eigentlichen Sinn, den IKEBANA beinhaltet, nämlich den Menschen in seinem Verhältnis zu Himmel und Erde zu sehen. Sehr oft werden für die beiden längsten Linien, Shin und Soe, Zweige genommen, während Hikae, die kürzeste Linie, meistens durch Blumen dargestellt wird. Finden also in einem Gesteck Blüten unterschiedlicher Entwicklung Verwendung, so wählen wir die Knospen für Shin und die voll aufgeblühten Blumen für Hikae. Die Lebensdauer von beiden ist dadurch etwa gleich, da die vollerblühte Blume durch die kurze Anordnung eine direktere Wasserzufuhr erhält als die länger angeordnete Knospe.

Mitunter verwenden wir in einem Arrangement für alle Hauptlinien gleichartige Blumen, z. B. Chrysanthemen; in einem solchen Falle werden die drei Linien gerne in verschiedenen Farben dargestellt. So könnten für Shin weiße Chrysanthemen, für Soe gelbe und für Hikae rostrote Chrysanthemen Verwendung finden. Sollte die Farbe der Blüten von Hikae mit der Schale nicht harmonieren, also, wenn bei zu ähnlichem Farbton die Hikaeblüten optisch verschluckt würden, kann das zum Austausch der Farben von Soe und Hikae führen.

Wie Shin, Soe und Hikae farblich und formal richtig ausgewählt werden, wird an anderer Stelle des Buches noch ausführlich und durch viele Beispiele verständlich gemacht.

Genauso bedeutend für das IKEBANA-Arrangement wie das Längenmaß der Hauptlinien sind auch die Richtungen und Neigungswinkel, unter denen die drei Linien einzuordnen sind. Wir merken uns, daß die Neigung der Hauptlinie immer gegen die Senkrechte gemessen wird, d. h. daß die Senkrechte immer null Grad und die Waagerechte immer 90 Grad mißt, umgekehrt, wie Sie es in der Geometrie einmal gelernt haben. In den Grundgestecken werden Sie vorwiegend die drei Neigungswinkel 15, 45 und 75 Grad verwenden. Durch die Neigungswinkel der Hauptlinien und deren Anord-

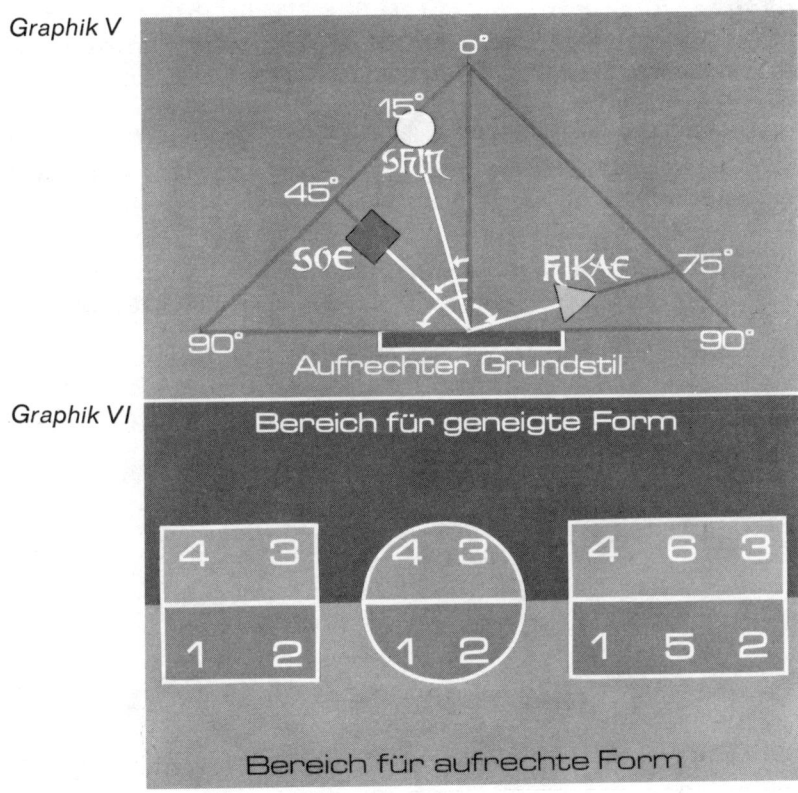

Graphik V

Graphik VI

nung in verschiedenen Richtungen entsteht ein plastisches Arrangement von dreidimensionaler Wirkung.

Wie wir bereits erfahren haben, ist der Kenzan, bei uns auch Igel genannt, im Moribana-Arrangement unser wichtigstes Hilfsmittel, denn er bietet den drei Hauptlinien Halt. Wie wird der Kenzan in der Schale placiert? In der Mitte der Schale steht der Kenzan eigentlich nie, es sei denn für bestimmte Tischgestecke. In der Regel werden die sechs Positionen (siehe Seite 27), die durch ihre dezentrale Lage die Asymmetrie der IKEBANA-Komposition bewußt unterstreichen, außerhalb des Mittelpunktes gewählt. Wieder merken wir uns als Faustregel, *daß die Positionen des vorderen Schalenbereiches 1, 2 und 5 für die aufrechten Moribana-Stile verwendet werden.* Das hat neben anderem den Vorteil, daß der Kenzan durch den Schalenrand mehr oder weniger optisch verdeckt ist. Den noch sichtbaren Teil des Kenzans können wir durch Steine, Muscheln, Blätter, kurzgeschnittene Blumen u. a. verdecken. Dabei wollen wir uns gleich etwas Wichtiges merken: *Kein Blatt sollte direkt im Wasser hängen, denn dadurch entstehen Fäulnispilze, die den Prozeß des Verwelkens der Blumen beschleunigen.* Bei den geneigten Moribana-Stilen wird der Kenzan im hinteren Schalenbereich angeordnet, und zwar auf den Positionen 3, 4 und 6. In diesem Falle wird die Shin-Linie über die Wasserfläche nach vorn geführt, so daß sie sich im Wasser spiegelt. Oft wird die Linienführung von Shin noch harmonisch unterstrichen durch eine entsprechende Anordnung von Steinen oder Muscheln unter Wasser.

Wir wollen jetzt das Befestigen der Blumen und Zweige auf dem Kenzan kennenlernen. Vor dem Stecken auf den Igel muß jede Blume *unter*

14

Wasser etwa 1 cm *gerade,* also nicht schräg, angeschnitten werden (Bild Nr. 14). Nur so ist es den Pflanzenzellen an der Schnittfläche möglich, ungehindert Wasser aufzunehmen. Das Sauerstoffpolster, das sonst die Poren der Zellen verstopft und somit den Absorptionsvorgang stört, wird gehindert, zu entstehen. Ein entsprechendes, mit Wasser gefülltes Gefäß zum Anschneiden der Stiele ist also immer bereitzuhalten. Derart vorbereitete Blumen werden nun auf die vierkantigen Nadeln des Kenzans aufgesteckt. Da das Nadelbett des Kenzans dicht bestückt ist, können wir beim Eindrücken der Pflanzenstiele immer erreichen, daß diese von mehreren Nadeln, bei dünnen Stielen mindestens aber von einer Nadel, erfaßt werden.

Bei der Technik des Einsteckens von Blumen in den Kenzan unterscheiden wir:

a) dünnstielige Blumen   (z. B. Veilchen, Schneeglöckchen, Maiglöckchen, Vergißmeinnicht u. a.)

b) hohlstielige Blumen   (z. B. Narzissen, Amaryllis, Calla, Anemonen, Rittersporn; oftmals hohl sind auch Gerbera und Anthurien)

c) normalstielige Blumen   (z. B. Rosen, Astern, Chrysanthemen, Nelken u. a.)

Bei der ersten Gruppe müssen wir die Stiele im unteren Bereich verstärken, um eine sichere Standfestigkeit zu erreichen. Dies geschieht z. B. durch 1 bis 2 cm lange Naturstrohhalme, in die man dünne Stiele einführt. Desgleichen können hohle Stiele von Anemonen oder Osterglocken hierzu verwendet werden. In jedem Falle ist darauf zu achten, daß der eingeführte Stiel vollständig durch die Hülse hindurchragt, da nur so die oben beschriebene Wasseraufnahme gewährleistet ist. Wir können bisweilen auch ohne Hülse auskommen, indem wir den dünnen Stiel unten V-förmig abknicken und damit dem Nadelbett des Kenzans einen größeren Querschnitt zum Erfassen anbieten.

Hohlstielige Blumen stehen, wenn sie senkrecht auf dem Kenzan angeordnet werden, meist einwandfrei. Unter einem Neigungswinkel von nur null Grad werden im IKEBANA aber selten Blumen gesteckt. Bei der häufig notwendigen flachen Anordnung der Blumen dagegen reißen sie am Stielende auf und verlieren durch das Gewicht der Blüte den Halt. Um das erfolgreich zu verhindern, führen wir ein 2–3 cm kurzes Stückchen Holz, etwa einen Zweig, ein Streichholz oder einen Zahnstocher von unten in den Stiel ein. Der Stiel wird im Bereich des eingeführten Holzes mit grünem Bast oder feinstem Silberdraht abgebunden, damit sich die Holzstütze beim Einbringen in den Kenzan nicht nach oben verschiebt. Bei ganz hohlstieligen Blumen, wie der Calla oder der Amaryllis, ist es zweckmäßig, den relativ großen

Hohlraum durch ein abgeschnittenes, zusammengedrücktes Stielstück derselben Blume auszufüllen (S. 30, Bilder Nr. 16 und 17). Der Stiel wird auch hier wieder im verstärkten Bereich mit Bast abgebunden. Die Verwendung eines zu starken Zweigstückes oder Holzes würde den weichen Pflanzenstiel zum Aufplatzen bringen.

Während, wie wir schon wissen, alle Blumen unter Wasser gerade angeschnitten werden, sind Zweige generell schräg anzuschneiden. Eine Ausnahme bilden dünnstielige Zweige, denen wir eine Verstärkung am unteren Ende in Form eines ca. 2 cm langen Hölzchens (Stück eines Zweiges) geben, das ebenfalls schräg angeschnitten ist und wieder mit Hilfe von Bast abgebunden wird.

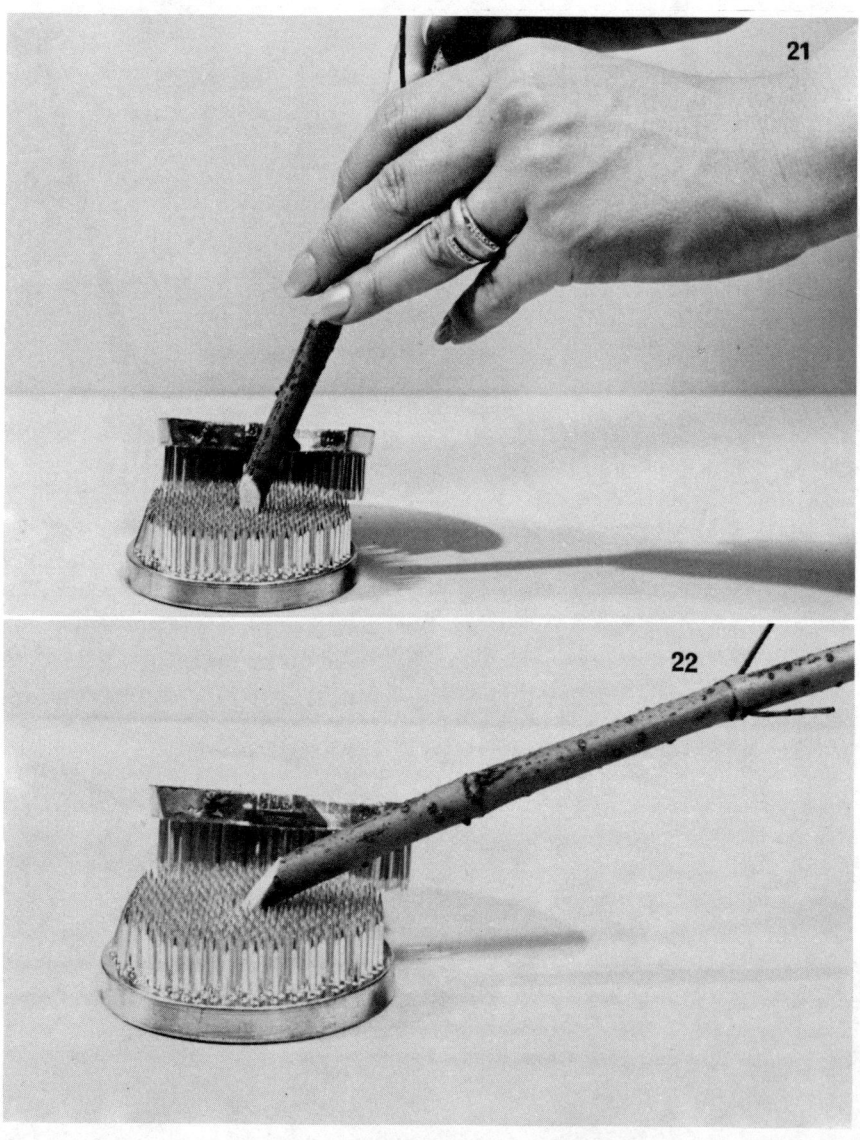

21

22

Ein weiterer Weg, den dünnen Zweigen auf dem Kenzan Halt zu verleihen, ist das Verkeilen mittels kleiner Holzkeile.

Sehr kräftige Zweige müssen unten sogar doppelseitig angeschrägt werden. Alle Zweige werden zunächst senkrecht in das Nadelbett des Kenzans eingedrückt und erst dann in die entsprechende Richtung geneigt. Dabei beachten wir, daß die schräge Schnittfläche nach oben zeigt, *der Rindenteil also vom Nadelbett erfaßt wird*. Nur so können wir erreichen, daß der Zweig festsitzt und möglichst viele Nadelspitzen des Kenzans den Zweig erfassen und halten (Bilder Nr. 21 und 22). Auf die Beachtung dieser Vorschrift müssen Sie größten Wert legen. Hier macht der Anfänger am häufigsten Fehler.

Das richtige Auslichten und Beschneiden von Zweigen und Blumen

In den seltensten Fällen können Blumen und Zweige so, wie wir sie in der Natur vorfinden, in das IKEBANA-Arrangement eingefügt werden. Meistens müssen wir, besonders in der Linienführung, Korrekturen vornehmen. Die elegante und ausgewogene Form von Blumen und Zweigen ist in jeder IKEBANA-Komposition von ausschlaggebender Bedeutung; denn sie ist es, die

den künstlerischen Wert des Arrangements bestimmt und IKEBANA in den Rang eines Kunstwerkes erhebt. Den geschulten Blick für eine ausgewogene Linienführung werden Sie nach und nach durch Übung erhalten. Für das richtige Auslichten und Beschneiden von Blumen und Zweigen seien hier einige praktische Hinweise gegeben. Am leichtesten erlernen wir die Technik in den Wintermonaten, wenn die Zweige noch kahl, ohne Blatt-, Blüten- oder Beerenschmuck sind. Unliebsame Überschneidungen bei Ästen, angeknickte Äste oder symmetrische Gabelungen sind leicht zu erkennen. Durch Ausschneiden der störenden Teile erhalten wir die gewünschte klare Linienführung (S. 33, Bilder Nr. 23 und 24).

Entstandene Schnittflächen werden durch Tusche oder Filzstift unsichtbar gemacht. Auch bei Blütenzweigen und Zweigen mit kleinen Blättern ist es relativ einfach, die wesentliche Linienführung zu erkennen. Grundsätzlich werden auch hier erst einmal alle Überschneidungen beseitigt, um wieder eine klare Linie herauszuarbeiten (Bilder Nr. 25 und 26). Entfernt werden müssen auch alle beschädigten oder verwelkten Blätter und Blüten. Schließlich müssen jene Blätter weichen, die Blütenknospen verdecken. Mitunter verzichten wir sogar auf einen Teil der nach unten weisenden Blätter, um die aktiven Linien des Zweiges zu betonen. Sorgfältig ist bei all diesen Korrekturen darauf zu achten, daß entfernte Äste, Blätter und Blüten so

25   26

gut wie keine sichtbare Spur hinterlassen. Zur Betonung des Beeren-schmuckes, etwa eines Schneebeerenzweiges (Knallerbsen), eines Hage-butten- oder Sanddornzweiges, zur Sichtbarmachung der Fruchtstände bei Linden- oder Ahornzweigen, werden wir die Blätter sogar gänzlich entfer-nen. Nicht so bei Cotoneaster dammeri, dessen kleine kräftige, grüne Blät-ter den roten Beerenschmuck malerisch unterstreichen. Schwieriger wird das richtige Auslichten und Beschneiden bei den vollbelaubten Zweigen (Buche, Eiche). Angeknickte, angefressene oder matt herunterhängende Blätter oder Zweige werden entfernt. Alle Symptome, die an das rasche Vergehen erinnern, wollen wir für unser IKEBANA-Gesteck bewußt aus-schalten. Wir erstreben mit unserem Arrangement einen Idealfall, wie er in der Natur nur selten anzutreffen ist, denn dort steht die knospige neben der verblühenden oder schon verwelkten Blüte.

Beherrschen wir diese Technik einmal, können wir aus einem üppigbuschi-gen und stark verästelten Zweig eine gute Linienführung herausarbeiten, ohne den Charakter des Zweiges zu zerstören. Der Charakter eines Berg-kiefernzweiges z. B. läßt sich interessant hervorheben, indem die spezifisch gekrümmte Hauptlinie am unteren Zweigteil von allen Nadeln befreit wird oder zu lang wirkende Nadeln durch Beschneiden verkürzt werden. Das Auslichten kann auch bei Blumen notwendig sein. Denken wir an buschige

27   28

Astern oder Strahlenchrysanthemen, so können wir die dichtgedrängten Blumen nicht ohne weiteres in das Arrangement übernehmen. Das sinnvolle Auslichten bzw. Ausschneiden macht den Zweig nicht nur leichter, sondern ermöglicht es dem betrachtenden Auge, unter Beibehaltung der gruppenförmigen Anordnung der Blüten, die Schönheit der einzelnen Blüte besser zu erfassen. Bei Rosen, Chrysanthemen und ähnlich stark belaubten Blütenstielen entfernen wir das Laub zum großen Teil asymmetrisch, wodurch die Blüten dominieren.

Aber nicht allein durch Auslichten und Beschneiden können wir einem Zweig oder einer Blume eine ausreichend schöne Linienführung geben; deshalb sollte hier die im IKEBANA häufig gebrauchte *Biegetechnik* Anwendung finden. Mit ihrer Hilfe können wir die Form eines Zweiges entscheidend beeinflussen. Besonders leicht läßt sich diese Biegetechnik am grünen Besenginster oder an den Weidenzweigen erlernen. Zum richtigen Biegen umschließen wir zunächst mit beiden Händen den zu biegenden Zweig.

Hierbei berühren die Fingerspitzen die Handinnenflächen. Beide Daumen liegen dicht nebeneinander. Und nun beginnen wir vom unteren Ende des Zweiges nach oben, mit sanftem, sich dann steigerndem Druck, den Zweig durchzubiegen, ohne ihn jedoch zu zerbrechen. Es ist ratsam, das Biegen gleichzeitig mit einem Drehen oder Verschrauben zu verbinden. Dem Zweig ist so leichter eine gewünschte Form oder Richtung zu geben. Besonders lassen sich nach dieser Methode, außer oben genannten Zweigen auch die des roten Cornus (Hartriegel), der Brombeere, der Trauerweide, junge Cotoneastertriebe, der Lonicera und des Ilex (Stechpalme) verformen. Reisstroh oder Peddigrohr müssen wir vor dem Biegen etwa eine halbe Stunde in lauwarmem Wasser einweichen. Etwas stärkere Zweige, wie die der Birke oder des Ahorns, die zudem für ein Verbiegen der genannten Art zu spröde sind, werden anders behandelt. Die beim gebogenen Zweig nach außen liegende Seite wird mit Hilfe einer IKEBANA-Schere oder eines

31

32

scharfen Messers in Abständen von 1 bis 2 cm mit schrägen Einschnitten von geringer Tiefe (1 – 2 mm), jedoch höchstens bis zu $1/3$ der Zweigstärke, versehen. Der auf diese Art sorgfältig behandelte Zweig wird nun vorsichtig an allen Einschnitten gebogen und mit kleinen Keilstücken versehen (Bild Nr. 31). So entsteht eine bleibende Verformung des Zweiges.

Besonders kräftige Zweige werden nach dem gleichen Prinzip mit V-förmigen Kerben in Abständen von 5 bis 10 cm, je nach Länge von Zweig und gewünschten Biegungsgrad, versehen. Beim Biegen können wir zusätzlich noch ein dickeres V-Stück in die Kerbe einlegen, um eine bleibende Verformung zu gewährleisten.

Zum Biegen von Blütenstielen ist es erforderlich, eine weitere Technik zu beherrschen. Wir führen in die hohlen Stiele der Blumen, z. B. der Gerbera, Anemonen, Narzissen etc. von unten einen korrosionsfesten geraden Blumensteckdraht ein, der bis zur Blüte reichen sollte. Wir achten allerdings sorgfältig darauf, daß der Draht an keiner Stelle aus dem Stiel austritt. Der Blütenstiel kann jetzt leicht von unten nach oben in die gewünschte Form gebogen werden. Sehr dünne Stiele, wie die der Maiblumen oder der Wikken, können wir mit einem Steckdraht stützen und dann den Blütenstiel samt Steckdraht mit einem grünen Kautschukbändchen (Guttacoll) umwikkeln. Der Draht bleibt dann völlig unsichtbar, und der Stiel läßt sich nun ebenfalls in jede gewünschte Richtung biegen.

Die Technik des Biegens der Blätter erfordert eine besonders feinfühlige Handführung. Die schwertförmigen Blätter der Iris, Osterglocken (Bild Nr. 33), Gladiolen etc. können wir über den Finger rollen, um ihnen eine spiralförmige, verspielt wirkende Linienführung zu geben. Das so vorbehandelte Blatt eignet sich auch für eine bogenförmige Anwendung. Dazu jedoch ist es erforderlich, das Blatt nach dem Wickeln wieder zu glätten. Erst dann kann es mit beiden Enden zusammen in den Kenzan eingeführt werden (Bild Nr. 34).

Hin und wieder ist es notwendig, auch bei Blättern Schönheitskorrekturen vorzunehmen. Vielen von uns ist es sicherlich schon aufgefallen, daß die Blattspitzen z. B. bei Irisblättern entweder gelb oder nur gerade geschnitten sind, also ohne Spitze verlaufen. Das entspricht absolut nicht unseren Vorstellungen. Wir werden solche Blätter immer ihrer natürlichen Form entsprechend nachschneiden, so daß eine frische Spitze entsteht (Bild Nr. 35).

Nach dem gleichen Prinzip werden überlange, breite, nach unten geknickte Tulpenblätter behandelt (Bild Nr. 36).

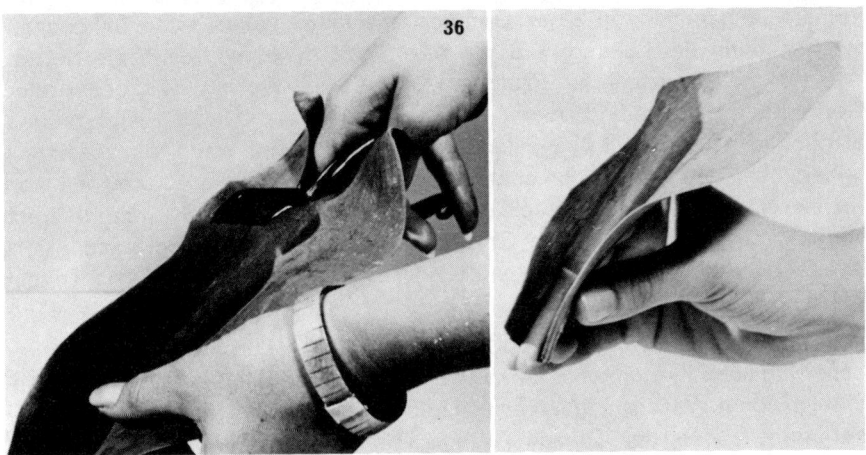

Führen wir dieses Nachschneiden mit einer guten, scharfen IKEBANA-Schere aus, werden wir den Blättern die Korrektur selbst nach Tagen noch nicht ansehen.

Haltbarmachung von Blumen und Zweigen

Eine wirkungsvolle und gleichzeitig einfache Methode zur Haltbarmachung von Blumen und Zweigen ist das bereits erwähnte Anschneiden unter Wasser (Seite 28/29). Neben dieser generellen Behandlung gibt es aber auch noch weitere Möglichkeiten, die sich zur Haltbarmachung bestimmter Blumen besonders gut eignen. So werden bei allen Gewächsen, die den weißen, klebrigen Milchsaft führen, wie Euphorbien oder Löwenzahn, die Schnittflächen über einer Flamme (Kerze, Streichholz) angebrannt, so daß der Milchsaft gerinnt und wie ein Schwamm für gute Wasserzufuhr sorgt. Teilweise verwenden wir diese Methode auch bei den empfindlichen Zweigen des japanischen Ahorns, der Hortensie, des Flieders etc., um das befürchtete Einrollen der Blätter zu verhindern. Auch bei weiteren Pflanzen, wie z. B. dem Bambus, rollen sich die Blätter schnell zusammen. Hier empfiehlt es sich, die angeschnittenen Stiele in unverdünnten Essig zu tauchen. Um bei den schönen Federn des Pampasgrases zu verhindern, daß diese sich frühzeitig zusammenziehen und somit den Verwelkungsprozeß einleiten, behandeln wir die Stiele mit verdünnter Essigsäure (Konzentration wie Speiseessig). Andere Blumen sind für das Anschneiden *unter heißem Wasser* sehr dankbar. Hierzu zählen Distelblüten (aber nicht die herbstlich trockenen Disteln), Sonnenblumen, Treibhausrosen und Gerbera. Schon der Volksmund spricht von einer Gerbera, die keine kalten Füße bekommen möchte, denn die behaarten Stiele der Gerbera neigen, wenn sie tief im Wasser stehen, leicht zu Fäulnis. Mit anderen Worten, wir geben der Gerbera nur wenig und immer lauwarmes Wasser. Diese begehrte und empfindliche Blume wird uns lange Freude bereiten, wenn wir zusätzlich beherzigen, daß Zugluft ihr schlimmster Feind ist. Also placieren wir von vornherein ein Gerberagesteck in einem geschützten Winkel. Sollte trotz vorsichtiger Behandlung eine Gerberablüte den Kopf hängen lassen, verzweifeln Sie bitte nicht gleich: ein erneutes Anschneiden unter kochendem Wasser wirkt Wunder.

Was mancher nicht weiß, ist, daß Mimosen feuchte Luft ausgesprochen lieben. Man kann ihre ohnehin kurze Lebensdauer dadurch verlängern, daß sie unter heißem Wasser angeschnitten und sodann in dampfend heißem Wasser aufgestellt werden. Diesen Vorgang können wir öfter wiederholen.

Das Haltbarmachen von Flieder können wir nicht nur durch zusätzliches Aufspalten des Stielendes erreichen, sondern noch durch das Einreiben der Schnittflächen mit gewöhnlichem Kochsalz. Die Behandlung mit Kochsalz hat sich auch bei Callablüten und bei großen bunten Caladiumblättern bewährt.

Anders werden Wasserpflanzen, wie Seerosen, Lotos, Agaphantus, behandelt. Man impft sie mit einer Alkohol-Nikotinlösung (ein Stück einer Zigarette wird in hochprozentigem Alkohol ausgedrückt), die mittels einer Spritze in die wabenförmige Innenstruktur der Stiele injiziert wird. Dadurch halten die Blumen nicht nur wesentlich länger, sondern es wird das sonst übliche Schließen der Blumen bei Einbruch der Dunkelheit verhindert. Bei Rosen und dauerhaften Blüten sollten wir auf ein bakterientötendes Frischhaltemittel, wie es unter den verschiedensten Bezeichnungen auf dem Markt erhältlich ist, als Zusatz zum Blumenwasser nicht verzichten. In der Regel entfalten sich durch ein solches Mittel besonders schöne und dauerhafte Blüten. Das ist besonders bei großen Arrangements in Schalen und Vasen zu empfehlen, bei denen wir nur das fehlende Wasser ergänzen.

Welche Trockenmaterialien eignen sich besonders für unsere Arrangements und wie werden sie aufbewahrt?

Die Kombinationsmöglichkeiten, die wir beim Arrangieren im IKEBANA haben, werden erheblich erweitert durch die mannigfaltigen Trockenmaterialien, auf die wir besonders gerne im Spätherbst und im Winter zurückgreifen. Moribana-Gestecke aus frischen Blumen und Zweigen, kombiniert mit Trockenmaterialien, erfreuen sich wachsender Beliebtheit. Sie resultieren oft in erlesenen IKEBANA-Kunstwerken. Kein Wunder, daß jeder IKEBANA-Freund Wert darauf legt, immer einen Vorrat an verschiedenem Trockenmaterial im Hause zu haben. Schon in den Sommermonaten beginnt hierfür das Suchen und Sammeln. Zunächst haben wir eine große Palette von Gräsern, die zu sammeln sich lohnt. Außer Hafer, Kornähren und Küchenschelle trocknen wir die verschiedensten Wiesen- und Sumpfgräser. Wegerich, Sterngras, Wollgras, Zittergras, Silbergras, Schilfgräser u. a. eignen sich besonders gut als Jushis in unseren IKEBANA-Gestecken, wo sie die Aufgabe der Verbindung von verschiedenen Komponenten übernehmen. Auch Bärenklau und wilder Kümmel sind vielseitig zu gebrauchen und werden vorzugsweise im Herbst wegen ihrer dann interessanten Struktur gesammelt, desgleichen die Fruchtstände des Hirtentäschelkrautes, des Sauerampfers, des Wiesenfuchsschwanzes, des Rainfarns, der Kamille, der Iris und vieler anderer Pflanzen. Auch der Adlerfarn wird getrocknet und gerne verwendet. Empfehlenswert ist auch das Sammeln von Mohnkapseln, Erlenzweigen, Fruchtständen von Sonnenblumen sowie der Nacht- und der Königskerze, von Wind- oder Heideröschen, Artischocken u. ä. Fehlen sollten nicht die allgemein am meisten bekannten Trockenmaterialien, wie Rohrkolben, Lampionblumen, Silberlinge oder Judaspfennige, Maiskolben, Disteln, Statizen und Strohblumen.

Das fachgerechte Trocknen und richtige Aufbewahren der Pflanzen ist Voraussetzung für den Erhalt von brauchbarem Trockenmaterial. Gleiches Material trocknen wir, mit den Fruchtständen nach unten hängend, in Bündeln. Der Trockenplatz sollte gegen Feuchtigkeit, aber auch gegen direkte Sonneneinstrahlung geschützt sein. Besonders gut eignet sich ein überdachter Balkon, eine offene Garage oder ein ähnlicher Platz, der einerseits geschützt ist, aber doch genügend Frischluft an das zu trocknende Pflanzenmaterial kommen läßt. Um dabei den Gräsern Form und Farbe zu erhalten, werden sie vorteilhaft mit etwas billigem (möglichst sogar etwas klebrigem) Haarspray besprüht. Dasselbe wenden wir insbesondere bei frischen Rohrkolben an, da diese sich leicht bei Zimmertemperatur öffnen und dann tausend und abertausend kleine Fallschirme im Zimmer ausbreiten. Schließlich sei noch darauf hingewiesen, daß auch sonstiges Trockenmaterial, wie

Laub, Strohblumen, Statizen, Artischocken, Lampionblumen, vorteilhaft farbintensiv bleiben und staubunempfindlich werden, wenn wir diese Haarspray-Methode anwenden.

Außerdem haben wir die Möglichkeit, Trockenmaterialien geschmeidig zu erhalten. Folgende Methode ist besonders empfehlenswert beim Heidekraut, um das Rieseln der Blütchen zu verhindern.

Wir tauchen die Blütenstände bzw. Fruchtstände in ein Glycerinbad, verdünnt mit Wasser 1 : 1 bis zur Lösung 1 : 10, je nach Wunsch der Wirkung. Diese Behandlung ist auch anwendbar bei Lampionblumen und herbstlichem Laub, besonders wenn dies schon stark ausgetrocknet ist und die Gefahr des Abbrechens besteht. Das Glycerinbad wirkt dem entgegen und macht die Zweige weich, geschmeidig und biegsam.

Disteln, Silberlinge und Strohblumen, die durch Transport zusammengedrückt wurden, können wir über heißem Wasserdampf wieder in die ursprüngliche Form bringen. Auf gleichem Wege lassen sich auch noch geschlossene Knospen der Pflanzen öffnen.

Getrocknetes Material werden wir in der Regel in natürlichen Farben verwenden. Mitunter sind aber auch kräftige Farbtöne sehr effektvoll. Zum Teil werden nur die natürlich vorhandenen Farben aufgefrischt und hervorgehoben, wie z. B. bei den Artischocken. Hierzu können wir das Violett der Staubgefäße mit einigen Pinselstrichen Wasserfarbe gleicher Tönung verstärken. Mohnkapseln oder Sonnenblumen-Fruchtstände werden gerne dunkelbraun, dunkelrot oder schwarz eingefärbt. Das kann durch Tauchen in ein Farbbad geschehen, aber auch durch Aufpinseln oder Besprühen. So wird roter Autosprühlack zum Besprühen von Wiesenkümmel genommen. Auch Wurzeln, bizarre Zweige und Peddigrohr werden auf diese Weise rot, schwarz oder weiß gefärbt.

Bei der Aufbewahrung unseres Trockenmaterials achten wir darauf, daß es vor Sonneneinwirkung und besonders vor UV-Strahlen geschützt und genügend belüftet wird. Empfehlenswert ist das übersichtliche Anordnen in Vasen oder einfachen Drainagerohren, deren untere Öffnung wir mit Bierdeckeln zukleben können.

V. Der aufrechte und der geneigte Grundstil des IKEBANA und deren Variationen

Der Anfänger im IKEBANA muß zunächst zwei grundsätzliche Formen des Arrangierens kennenlernen, es sind dies:

A. Der aufrechte Grundstil

Der aufrechte Grundstil leitet seinen Namen von der fast senkrechten Anordnung der Linie Shin ab, während die Bezeichnung geneigter Grundstil darauf hinweisen soll, daß hierbei Shin unter einer stärkeren Neigung, in der Regel unter einem Neigungswinkel von 45 Grad gegen die Senkrechte arrangiert wird.

Jeder dieser beiden Grundstile kennt acht Variationen, die von der Grundform abgeleitet werden. Mit allen 18 Grundformen, nämlich 2 Grundstilen und zweimal 8 Variationen, wollen wir uns in diesem Kapitel eingehend beschäftigen.

Die Grundformen repräsentieren eine Proportionslehre, die dem Gestalter im IKEBANA ein bleibendes Rüstzeug sein sollen. Nachdem wir die 18 Grundformen beherrschen, haben wir gleichzeitig eine gewisse Stufe auf dem Wege zur weiteren Vervollkommnung und zur persönlichen Entfaltung im IKEBANA erreicht, an die sich sodann die Praxis und Erfahrung in der Gestaltung individueller IKEBANA-Kunstwerke anschließen kann.

Dieses Buch und die dazugehörende Fernsehreihe, die übrigens auch als Fernsehkassette und Farbtonfilm zu erhalten ist, sollen uns mit der Disziplin des Moribana im neuzeitlichen IKEBANA bekannt machen. Mit weiteren Disziplinen, insbesondere mit dem Nageire, wollen wir uns zu einem anderen Zeitpunkt in einem weiteren Lehrbuch befassen.

Eine übersichtliche Anordnung der 18 Grundformen im Moribana finden wir in der nachfolgend abgebildeten Tafel.

MORIBANA
LANDSCHAFTS-ODER WALDAUSSCHNITT

AUFRECHT   GENEIGT

0 GRUNDSTIL

1 OFFENE FORM

2 BERG UND TAL

3 BLUMEN IN 3 WEGEN

MORIBANA

LANDSCHAFTS-
ODER
WALDAUSSCHNITT

AUFRECHT   GENEIGT

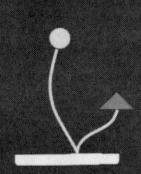	**4** **2 HAUPTLINIEN**	
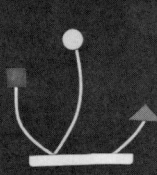	**5** **AUSEINANDER- GEZOGENE FORM**	
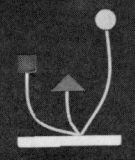	**6** **TISCHGESTECK**	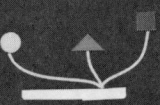
	7 UKIBANA morimono SCHWIMMEND FRÜCHTE U. BLUMEN SUKIBANA TROCKENGESTECK	
	**8** **KOMBINIERTE FORM**	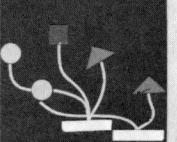

Kurzfassung der wesentlichsten Merkmale:

Sowohl beim aufrechten als auch beim geneigten Grundstil unterscheiden wir je 8 Variationen (zusätzlich zum jeweiligen Grundstil). Nachfolgend gilt für aufrecht und geneigt gemeinsam:

1. *Grundstil:* Da die beiden Hauptlinien Shin und Soe sehr dicht nebeneinander stehen, dürfen für diesen Stil keine stark verzweigten bzw. belaubten Zweige verwendet werden.

2. *Variation 1:* Während im Grundstil ein großer Raum zwischen Shin und Hikae entsteht, wird hier ein großer freier Raum zwischen Shin und Soe gebildet. Wir nennen diesen Raum auch den Raum für die Gedanken. Wir sprechen deshalb von der „offenen Form".

3. *Variation 2:* Es findet gegenüber Variation 1 und dem Grundstil ein Austausch der Hauptzweige statt. Soe ist sehr flach angeordnet gegenüber Shin. Wir sprechen deshalb auch vom „Berg-und-Tal-Stil".

4. *Variation 3:* Dieser Stil wird gerne nur mit Blumen dargestellt, wir sprechen dann von Blumen in drei Wegen. Zarte Blütenzweige oder Ginster nehmen wir als Jushis.

5. *Variation 4:* Ausklammerung der Soe-Linie. Wir haben nur zwei Linien: Shin und Hikae. Sparsamstes Arrangement. Es wird gerne nur mit einer Blüte, einem Zweig und einem Blatt gearbeitet.

6. *Variation 5:* Auseinandergezogener Stil. In einer großen Schale auf zwei versetzt angeordneten Kenzanen arrangiert.

7. *Variation 6:* Tischgestecke sind in horizontaler oder aufrechter Form herzustellen. Je nach Schalenform arbeiten wir mit 7 oder 9 Blumen und passenden Blättern.

8. *Variation 7:* Umfaßt die IKEBANA-Stile: Ukibana (schwimmendes Arrangement), Morimono (Komposition aus Früchten und Blumen) und Shikibana (Trockengestecke).

9. *Variation 8:* Zwei voneinander unabhängige Variationen werden hier durch zwei in Form und Farbe aufeinander abgestimmte Schalen harmonisch miteinander kombiniert. In diesem Stil werden praktisch alle oben unter 1 – 8 (Grundstil + Var. 1 – 7) genannten Regeln wiederholt.

Misumono umfaßt Blumen und Pflanzen, die im Wasser zu Hause sind.

Beim sogenannten ISCHUIKE benutzen wir nur eine Blumensorte. Besonders geeignet sind hierfür: Kamelien, Schwertlilien, Rhododendron, Gerbera und Anthurien, weil ihre Blätter faszinierende Formen aufweisen.

Indem wir auf die einzelnen Grundformen eingehen, werden wir im folgenden mit den verschiedensten Pflanzenmaterialien, je nach Jahreszeit, arbeiten, um so für jeden Monat eine große Fülle von Möglichkeiten aufzuzeigen.

Dabei werden bewußt zum großen Teil bekannte, einheimische Pflanzen und Naturstoffe verwendet, um zu demonstrieren, wie reichhaltig die Gestaltungsmöglichkeiten in Europa sind.

Bevor wir mit unserem ersten Arrangement beginnen, ist es wichtig, daß folgende Hilfsmittel griffbereit neben uns liegen: Außer der Schale, die wir möglichst zu Blumen, Zweigen und zur späteren Umgebung passend gewählt haben, liegt neben uns die IKEBANA-Schere, sowie ein geteilter, im Durchmesser etwa 6 – 7 cm großer Vollmond-Halbmond-Kenzan, ein mit Wasser gefülltes Gefäß zum Anschneiden der Blumen, Steine oder Muscheln zum Abdecken des Kenzans (nach Fertigstellung des Gestecks) und ein Trockentuch. Es ist außerordentlich störend, beim Arrangieren noch fehlende Werkzeuge nach und nach zu holen und dabei die Arbeit unterbrechen zu müssen. Ruhe und Konzentration tragen entscheidend zum Gelingen des Arrangements bei.

Es geht nicht allein darum, ein Arrangement, also nur eine Dekoration zu schaffen, sondern durch die Freude an der stillen Schönheit einer Blüte, die interessante Bewegung eines Zweiges zur Besinnung und inneren Ruhe zu kommen. Wenn wir im IKEBANA den ewigen Wandel der Natur, das Werden, Wachsen und Vergehen schrittweise miterleben, werden uns die eigenen Probleme nicht mehr so belastend erscheinen, ja, wir werden sie ertragen und zeitweise auch vergessen können. Das gelungene, abgerundete IKEBANA-Kunstwerk ist daher immer gleichzeitig Ausdruck der inneren Harmonie des Erstellers und seines inneren Gleichklangs mit der Natur.

Grundstil

Wir beginnen mit einem mittelgroßen Arrangement, dem Standardmaß. Unser längster und zugleich höchster Punkt in diesem IKEBANA wird Shin, der Himmel sein, in der Graphik immer durch einen Kreis dargestellt. Soe, der Mensch, wird durch ein Quadrat gekennzeichnet, während die dritte Hauptlinie, Hikae, die Erde, stets durch ein Dreieck symbolisiert wird. Wie wir uns gemerkt haben (siehe Kapitel IV), ist unabhängig von Stil und Variation das Größenverhältnis der Blumen und Zweige auf die Dimension der verwendeten Schale abgestimmt. Die Länge von Shin ergibt sich danach aus der eineinhalbfachen Summe, gebildet aus Schalendurchmesser und Schalenhöhe. Soe mißt ¾ von Shin und Hikae wiederum ¾ von Soe (siehe Regel in Kapitel IV, S. 26).

Ebenso haben wir uns gemerkt, daß die Neigungswinkel der einzelnen Hauptlinien immer zur Senkrechten gemessen werden (siehe wieder Kapitel IV, S. 27).

Für unser erstes IKEBANA wollen wir Nelken und grünen Besenginster verwenden, denn diese Materialien sind fast das ganze Jahr über erhältlich und für den Anfang leichter zu bearbeiten als z. B. großblättrige, stark belaubte Zweige. Aus dem Ginster wählen wir einen nicht zu schweren Zweig für unsere Linie Shin aus. Dieser längste und höchste Punkt soll im Grundstil, wie bei fast allen folgenden Variationen, ein möglichst graziler Zweig sein. Falls die Ginsterzweige, die uns zur Verfügung stehen, zu füllig sind, muß der für die Shin-Linie vorgesehene Zweig gelichtet werden. Anders ist es bei dem Zweig für Soe, der darf etwas voller wirken. Angeknickte, dürre Ästchen werden entfernt.

Wir erinnern uns an die Graphik III, Seite 25, und messen anhand unserer Schale die Länge des Shin-Zweiges: Standardmaß = 1½ mal Summe aus Schalendurchmesser plus Höhe. Schließlich wird der Zweig vor dem Einstecken in den Kenzan vorsichtig gebogen (siehe Seite 36, Biegetechnik). Wir bedenken, daß Shin nur einen Neigungswinkel von 15 Grad gegen die Senkrechte hat und diese Neigung nur für die Spitze des Zweiges gilt. *Der Zweig wird unten mit 0 Grad, also senkrecht, eingesteckt* und ist nur nach oben leicht gebogen. Unsere Schale ist so weit mit Wasser gefüllt, daß der Kenzan gut bedeckt ist. Er steht möglichst bequem für das Arbeiten in der Mitte der Schale und wird erst, nachdem alle Zweige und Blüten eingesteckt sind, in die richtige Position geschoben. Anhand der Länge von Shin legen wir die Länge von Soe und Hikae ohne Schwierigkeiten fest. Erst danach beginnen wir mit dem Einstecken der längsten Linie Shin in den Kenzan. Für unser Gesteck ist Soe ¾ von Shin und Hikae ¾ von Soe (siehe Seite 25).

Shin und Soe werden in unserem Arrangement durch Ginsterzweige dargestellt, während Hikae durch eine Nelke versinnbildlicht wird. Von drei Nelken wählen wir die knospigste bzw. diejenige mit dem kräftigsten Stiel. Die beiden weiteren Nelken dienen zur Unterstützung der Hikae-Linie, stellen also Jushis dar.

Jedes IKEBANA wird von oben nach unten aufgebaut. Wir beginnen also immer mit Shin. Vor dem Einstecken wird der Ginsterzweig, wie generell alle Zweige, am zu steckenden Ende schräg angeschnitten. Dazu merken wir uns, daß besonders starke und schwere Zweige am Ende doppelseitig angeschrägt werden. Dadurch lassen sich die Zweige gut einstecken und nehmen mit ihrer vergrößerten Schnittfläche leichter Wasser auf. Auf dem Kenzan stellen wir uns für die Einsteckpunkte der Linien und Jushis ein Dreieck vor. Je dünner die Zweige und Blumenstiele sind, desto dichter sollen die Einsteckpunkte nebeneinander liegen (Graph. VII und VIII).

KRÄFTIGE ZWEIGE

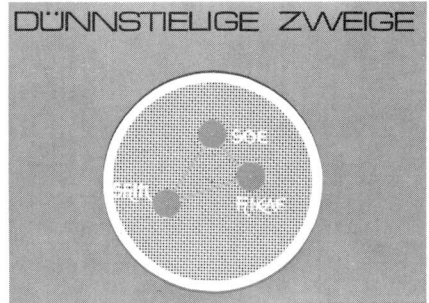

DÜNNSTIELIGE ZWEIGE

Graphik VII   *Graphik VIII*

Der zurechtgebogene Ginsterzweig in unserem ersten Gesteck wird in die hintere Mitte des Kenzans senkrecht eingesteckt. Erst jetzt wird der Zweig nach links gebogen, wobei wir darauf achten, daß die Rindenseite des Zweigendes in die Kenzannadel eingedrückt wird, *also die Schnittfläche nach oben weist.*

Graphik IX

Der aufrechte Grundstil

Seitenansicht

Draufsicht

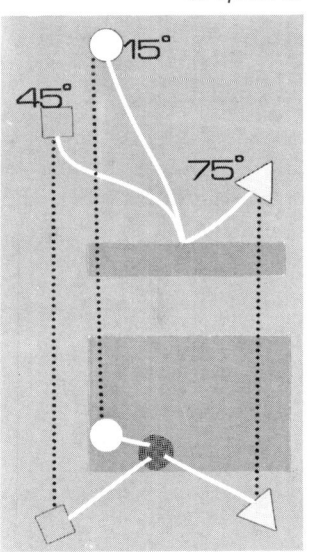

In allen aufrechten Variationen hat Shin immer 15 Grad zur Senkrechten, steht also fast senkrecht. In der Regel wird Shin in aufrechter Form mit 15 Grad nach links weisend angeordnet. Nur in den Variationen 1 und 6 des aufrechten Stils wird Shin mit 15 Grad nach rechts weisend arrangiert. Shin steht in jeder aufrechten Form in der hinteren Mitte des Kenzans (Graph. IX).

Die zweite Hauptlinie Soe wird vorn links im Kenzan senkrecht eingesteckt und dann erst mit 45 Grad zur linken Schulter weisend geneigt. Wiederum müssen wir darauf achten, daß die Schnittfläche nach oben zeigt. Häufig werden Shin und Soe, wie in unserem Beispiel, durch je einen Zweig symbolisiert, Hikae durch eine oder mehrere Blumen. Hikae hatten wir in unserem Beispiel bereits auf seine vorgeschriebene Länge zugeschnitten. *Das Anschneiden der Blumen erfolgt immer unter Wasser, und zwar gerade* (siehe Seite 28). Blumen mit wenig elastischem Stiel, wie Nelken, Gerbera, Chrysanthemen etc., werden beim Einstecken auf den Kenzan schon von vornherein schräggehalten (etwa mit 30 Grad Neigung gegen die Senkrechte).

In unserem Beispiel Seite 51 werden die Nelken vorn rechts im Kenzan schräg eingesteckt und dann auf die erforderliche Neigung von 75 Grad nach vorn, zur rechten Schulter hinweisend, gebracht. Wenn wir die Blumen zunächst gerade einstecken, besteht die Gefahr, daß der untere Stiel beim Abbiegen auf 75 Grad Neigung über den Nadelspitzen abbricht oder knickt.

Je dichter wir die Einsteckpunkte der drei Hauptlinien gewählt haben, desto eleganter wirkt das Arrangement, da die drei Hauptlinien wie aus einer Quelle zu kommen scheinen. Werden die drei Linien in zu großen Abständen zueinander eingesteckt, fällt das IKEBANA für unser Auge auseinander.

Zwei Nelken werden, wie bereits gesagt, als Jushis zu Hikae zugeordnet und kürzer gestuft zu dieser Linie arrangiert. Schließlich wird der Kenzan auf Position 1 oder 2 gerückt und gut durch Steine verdeckt. Damit ist unser erstes IKEBANA im aufrechten Grundstil fertig.

Zwischen Shin und Hikae befindet sich ein großer Raum für die Gedanken.

In gleicher Art und Weise ist das folgende Arrangement aufgebaut. Wir verwenden gebleichtes japanisches Reisstroh und Gerbera. Das Reisstroh ist ein Trockenmaterial und sollte vor seiner Verarbeitung einige Stunden in Wasser eingeweicht werden. Es läßt sich danach durch Biegen in fast alle gewünschten Formen bringen und ist immer wieder verwendbar. Damit die trockenen Reisstiele im Wasser der Schale nicht aufweichen, umwickeln wir sie vorher ca. 3 bis 4 cm hoch mit einem Klebeband. Reisstroh wird wie ein

Aufrechter Grundstil
Nelken und grüner Ginster

Aufrechter Grundstil
Reisstroh und Gerbera

Zweig behandelt und daher unten schräg angeschnitten. In unserem Beispiel wird Reisstroh für Shin und Soe verwendet. Hikae ist durch eine Gerberablüte dargestellt. Die Linie Soe haben wir durch einen weiteren Reis-
strohzweig und Hikae durch zwei weitere Gerberablüten verstärkt. Richtiges
Anschneiden und Haltbarmachen von Gerbera siehe Seite 40.

Aufrechter Grundstil
Weidenkätzchen und Rosen

Eine besonders beliebte Darstellung: Weidenkätzchen mit roten Rosen. Hier
wird die Biegetechnik bei den Weidenkätzchen angewendet. Um die Zweige
gut biegen zu können, sollten sie frisch geschnitten und nicht zu weit aufge-
blüht sein. Der Kenzan ist durch Rosenblätter verdeckt worden, ohne daß
ein Blatt ins Wasser hängt.

Empfehlenswert und sehr interessant ist auch ein Arrangement, das nur aus Weidenkätzchen gearbeitet wird. Dabei wollen wir die Hauptlinien durch je zwei bis drei Weidenkätzchenzweige als Jushis unterstreichen.

In einer farbigen, etwa roten Schale sieht ein solches Arrangement sehr attraktiv aus und hält sich über mehrere Wintermonate, wenn wir die Kätzchen ohne Wasser auf einen Kenzan einstecken und mit Haarspray besprühen. Den Kenzan verdecken wir durch Kieselsteine, die wir in einem geometrischen Muster anordnen.

In den beiden folgenden Beispielen ist Peddigrohr von ca. 5 mm Stärke zur Verarbeitung gekommen. Vor dem Biegen sollte Peddigrohr eine viertel bis eine halbe Stunde in lauwarmem Wasser eingeweicht werden. Dann können wir es je nach Phantasie am oberen Ende zu einem Knoten schlingen oder mit Hilfe von Wäscheklammern zu Schnecken rollen. Die verbleibende Länge wird gewöhnlich S-förmig gebogen. Peddigrohr kann auch gefärbt werden, jedoch innerhalb eines Arrangements nur in einer Farbe. Beliebte Farbtöne sind weiß, gelb, schwarz oder rot. Wir können es das ganze Jahr über verarbeiten und in jeder Jahreszeit passende Blumen dazu finden. Besonders gut eignen sich Anemonen, Alpenveilchen, Moosröschen oder ähnliche kleine Blumen.

Aufrechter Grundstil
Anemonen und weißes Peddigrohr

Auf dieser Abbildung finden wir als Shin und Soe weißgefärbtes und zwei-
fach geführtes, oben geschlungenes Peddigrohr. Drei dunkelblaue Anemonen und Farnwedel beleben das Arrangement und verdecken den Kenzan.

Aufrechter Grundstil
Peddigrohr mit aufgesetztem skelettiertem Magnolienblatt und Alpenveilchen

Im letzten Beispiel für den aufrechten Grundstil haben wir naturfarbenes S-förmig gebogenes Peddigrohr für Shin, Soe und Hikae genommen, dem jeweils ein skelettiertes Magnolienblatt aufgesetzt wurde.

Zusammenfassend die wichtigsten Merkmale des aufrechten Grundstils: Beim aufrechten Grundstil liegt die Betonung auf der linken Seite des Arrangements, da die beiden längsten Linien Shin und Soe beide zur linken Seite angeordnet, dicht nebeneinander stehen. Deshalb sollten wir für diesen Stil niemals stark belaubte, großblättrige und stark gegabelte Zweige nehmen. Shin und Soe würden sonst optisch zu stark ineinander übergehen, und das einseitige Gewicht würde das Arrangement unförmig wirken lassen. Gut eignen sich Blütenzweige, Beerenzweige, leicht zu biegendes Material.

B. Der geneigte Grundstil

Im Gegensatz zum aufrechten Grundstil hat im geneigten Grundstil die Linie Shin grundsätzlich einen Neigungswinkel von 45 Grad, mit Ausnahme der Variation Nr. 6 (S. 45). Während Hikae wie beim aufrechten Grundstil auch hier mit 75 Grad nach vorn zur rechten Schulter weist, tauschen Shin und Soe beim geneigten Grundstil im Vergleich zum aufrechten Grundstil die Neigungswinkel und Positionen auf dem Kenzan, d. h. Shin wird mit 45 Grad vorn links und Soe mit 15 Grad in der hinteren Mitte nach links weisend angeordnet.

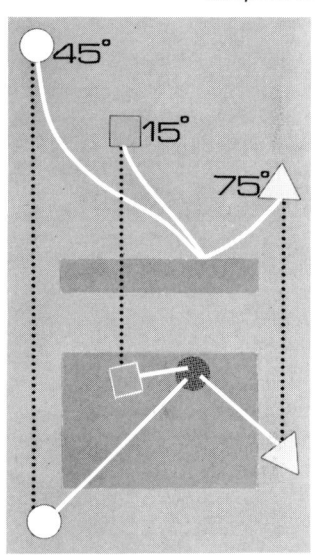

Graphik X

Wir merken uns, daß Shin in den geneigten Variationen immer im vorderen Bereich angeordnet wird, und zwar links oder rechts. Das ist erforderlich, damit Kreuzungen der Hauptlinien vermieden werden. Hierzu gibt es nur eine Ausnahme, die Variation 3 (S. 44), in der Shin und Soe fächerartig auseinanderführen.

Besonders gut eignen sich Blütenzweige für die geneigten Stile. Die meisten dieser Zweige haben eine ausgesprochene Sonnenseite. Bei einem Neigungswinkel des Zweiges von 45 Grad erreichen wir, daß die ganze Blütenpracht zu sehen, während die Schattenseite dem Auge abgewandt bleibt.

In unserem ersten Beispiel in der geneigten Grundform nehmen wir für die Linien Shin und Soe je einen Forsythienzweig. Beide werden, wie wir inzwischen wissen, am Ende schräg angeschnitten. Nachdem wir Shin und Soe für das Standardmaß zugeschnitten haben, ordnen wir Shin mit 45 Grad Neigung vorn zur linken Schulter hinweisend ein. Soe wird in der hinteren Mitte des Kenzans mit 15 Grad nach links weisend arrangiert. Ton in Ton dazu die Linie Hikae aus einer gelben Osterglocke bestehend. Zwei Osterglocken werden Hikae wieder als Jushis beigeordnet. Etwas müssen wir noch beachten: Viele Blumen, so auch die Osterglocke, sind hohlstielig und verlieren leicht ihren Halt, wenn wir sie flach anordnen wollen. Gute Hilfe leistet ein in den unteren Stiel eingeführtes Stückchen Holz, so etwa ein 2 cm langes Stück Streichholz, Zahnstocher oder Ästchen eines Zweiges.

Geneigter Grundstil
Forsythienzweige und Osterglocken

Der Stiel wird unten mit grünem Bast abgebunden, so daß das Holzstück beim Einstecken nicht nach oben rutscht. Die Blätter der Osterglocken schneiden wir unten schräg an und ordnen sie als weitere Jushis den Blumen bei. Auch hier finden wir einen Raum für die Gedanken zwischen Soe und Hikae.

Geneigter Grundstil
Lärchenzweig und Osterglocken

Es ist sicherlich interessant zu erfahren, daß wir im IKEBANA die Möglichkeit haben, jede Form spiegelbildlich auszuführen. Wir brauchen also nicht
zu verzweifeln, wenn wir einen schönen Zweig haben, der entgegengesetzt
der Grundlinie geschwungen ist. Es bietet sich dann die Gelegenheit für
eine Linke-Hand-Komposition, dem Spiegelbildarrangement. In unserem

praktischen Beispiel weist Shin mit 45 Grad nach vorn und ist vorn rechts im Kenzan eingesteckt. Soe in der hinteren Mitte stehend, zeigt nach vorn rechts, Hikae ist entsprechend vorn links im Kenzan arrangiert und wendet sich mit einer Neigung von 75 Grad nach vorn links. In unserem Fall sind Shin und Soe durch noch kahle, mit Zapfen besetzte Lärchenzweige dargestellt, während Hikae wieder durch Osterglocken versinnbildlicht wird.

Wichtige Merkmale des geneigten Grundstiles zusammenfassend noch einmal: Ähnlich wie für die aufrechte Grundform gilt für den geneigten Grundstil, daß durch die Anordnung von Shin und Soe der Schwerpunkt wieder links zu liegen kommt. Belaubte und stark verästelte Zweige werden nach Möglichkeit nicht benutzt. Der geneigte Stil beansprucht wesentlich mehr Platz in der Breite als der aufrechte Stil. Der Kenzan wird deshalb im hinteren Bereich der Schale aufgestellt, d. h. auf den Positionen 3, 4 oder 6. Dadurch wird erreicht, daß sich der weit ausladende Shinzweig über der Wasserfläche der Schale nach vorn neigt.

Die Variation Nr. 1

Nachdem wir uns die Regeln und die Linienführung des Grundstils eingeprägt haben, werden uns die Arbeiten bei der ersten Variation viel leichter von der Hand gehen. Die Variation 1 des aufrechten Stils wird auch die „offene Form" genannt, weil sie zwischen den Linien Shin und Soe einen größeren Raum entstehen läßt, so daß die drei Hauptlinien in einem fast gleichen Abstand zueinander eingestellt werden. Beim Einordnen der Hauptlinien ist darauf zu achten, daß sich diese auf einer gefälligen Kreislinie einander zuneigen.

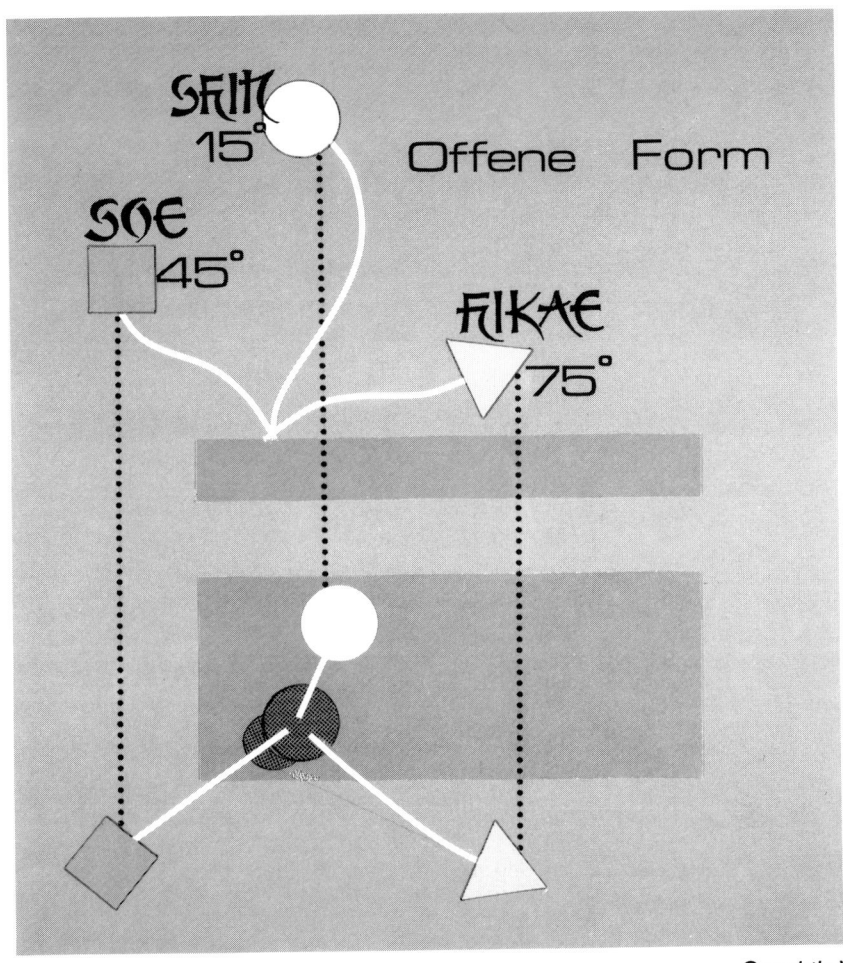

Graphik XI

Nebenzweige, Jushis, müssen kürzer als in den bisher kennengelernten Beispielen gehalten werden, um unerwünschte Kreuzungen von Linien zu vermeiden. Außerdem wollen wir diesmal möglichst wenige Jushis in den Raum zwischen Shin und Soe einstecken, um den wohltuenden Raum für die Gedanken nicht zu unterbrechen.

In unserem Beispiel verwenden wir für Shin und Soe rosa-weißblühende Apfelquittenzweige, die durch rosa Nelken als Hikae ergänzt werden. Die Shinlinie wird in der hinteren Mitte des Kenzans mit 15 Grad Neigung nach rechts weisend angeordnet. Soe steht wie in der Grundform vorn links im

Variation 1 im aufrechten Stil
Apfelquittenzweige und Nelken

Kenzan, mit einer Neigung von 45 Grad nach vorn links weisend. Hikae ist mit 75 Grad Neigung vorn rechts eingesteckt und zeigt nach vorn rechts. Es ist wichtig, sich zu merken, daß Soe nach vorn zur linken und Hikae nach vorn zur rechten Schulter weist, denn dadurch wird eine räumliche dreidimensionale Wirkung erzielt.

Variation Nr. 1 im geneigten Stil
Spiraea arguta und Rosen

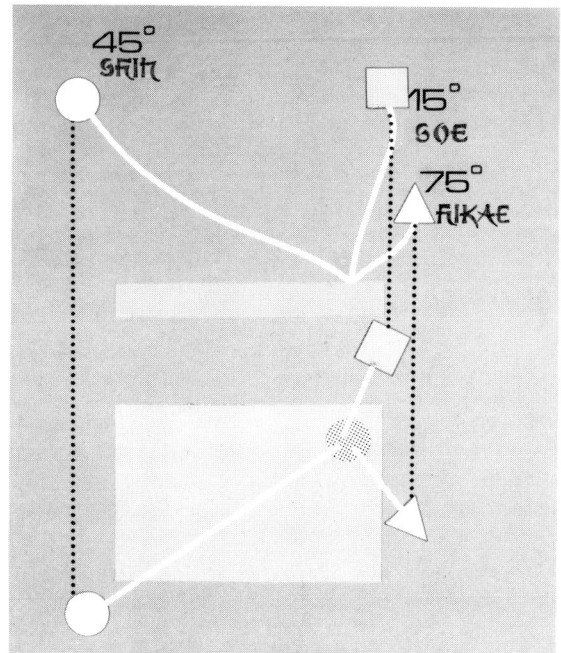

Graphik XII

Bei dieser Variation, wir nennen sie auch die „flache Form", streben alle drei Linien auseinander und deuten einen flachen Kelch an.

In unserem Beispiel Seite 63 werden die drei Linien durch grazile, weißblühende Zweige der Spiraea arguta gebildet: Shin weist mit 45 Grad Neigung nach vorn links und steht vorn links im Kenzan. Soe, in der hinteren Mitte des Kenzans eingeordnet, weist mit 15 Grad Neigung nach rechts zur Seite, und Hikae deutet mit 75 Grad Neigung, vorn rechts im Kenzan stehend, zur rechten Schulter. Belebt wird das Arrangement durch drei rote Rosen als Jushis.

Zusammenfassend die wichtigsten Merkmale der Variation Nr. 1:

Für die Variation Nr. 1 des aufrechten und geneigten Stils eignen sich sehr viele Materialien Europas, da die nach fast allen Seiten offene Form kaum die Gefahr der Überschneidung bietet. Wir achten beim Einstecken darauf, daß sich alle Linien einander zuwenden, als ob sie miteinander sprechen wollten. Im oberen Bereich sollen sich die drei Linien auf einer gedachten Kreislinie nahekommen.

Die Variation Nr. 2

Variation Nr. 2
aufrechter Stil

Seitenansicht

Draufsicht

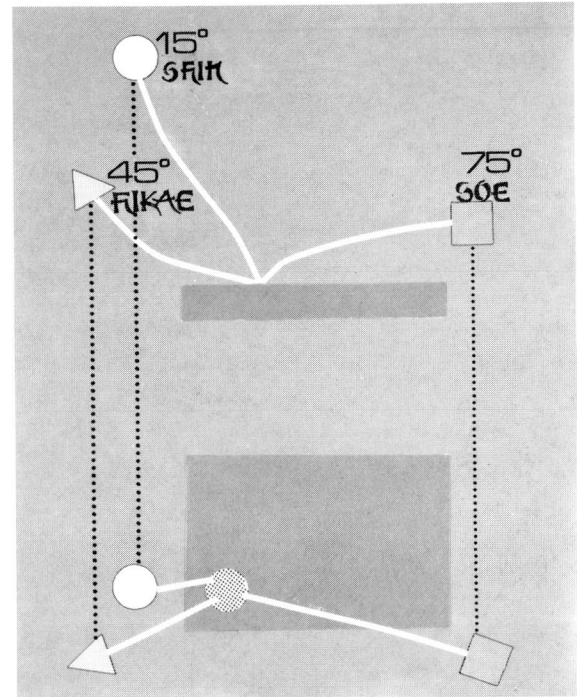

Graphik XIII

Diese Form wird „Berg-und-Tal-Stil" genannt. Ausgehend von der Grundform, tauschen Soe und Hikae ihre Positionen, Richtungen und Neigungswinkel aus. Shin ist genau wie in der Grundform mit 15 Grad Neigung nach
links weisend in der hinteren Mitte des Kenzans angeordnet, dagegen Soe
mit 75 Grad vorn rechts im Kenzan zur rechten Schulter weisend. Jetzt erkennen wir, daß eine weite Öffnung zwischen Shin und Soe entsteht wie ein
Tal zwischen zwei Bergen. Für dieses Gesteck eignen sich bizarre Kasta-
nien-, Rhododendron-, Kiefern- und ähnliche Zweige besonders gut.

In unserem Beispiel Seite 66 haben wir rustikale Kastanienzweige zusammen mit roten Tulpen arrangiert. Letztere stellen eine gelungene Ergänzung
dar. Die Kastanienzweige repräsentieren Shin und Soe, während Hikae
durch die längste Tulpe dargestellt wird. Für das Arrangement haben wir
das größtmögliche Maß gewählt, um die Kastanienzweige ihrem Charakter
entsprechend großzügig anzuordnen und die Linienführung der Zweige, so
weit es eben geht, zu erfassen. Wir haben uns gemerkt, daß bei diesem
Maß Shin eine Länge von doppeltem Schalendurchmesser plus Höhe erhält

Variation Nr. 2 im aufrechten Stil
Kastanienzweige und Tulpen

(siehe Seite 26), Soe wieder ¾ von Shin mißt, aber Hikae nur halb so lang ist wie Soe.

In dieser Variation müssen sich alle Jushis in besonderer Weise in ihrer Anordnung und Länge unterordnen, um das Berg-und-Tal-Bild zu unterstreichen.

Variation Nr. 2 im geneigten Stil
Forsythienzweige und Tulpen

Variation Nr. 2, geneigter Stil

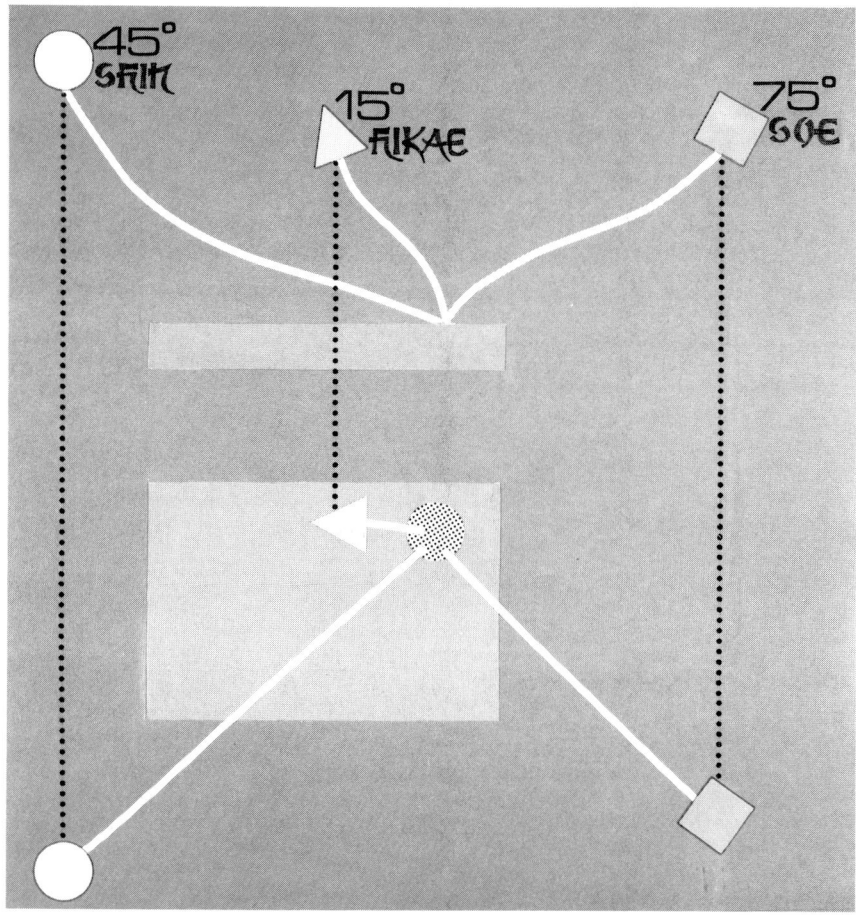

Graphik XIV

Es gilt das unter der Variation Nr. 2 im aufrechten Stil Gesagte. Shin steht wieder wie im Grundstil mit 45 Grad Neigung nach vorn links, Soe mit 75 Grad nach vorn rechts und Hikae mit 15 Grad Neigung stark nach links weisend.

In unserem Beispiel Seite 67 verarbeiten wir Forsythienzweige, gelbrote Tulpen und deren Blätter. Da sich Tulpen im Wasser noch langziehen, schneiden wir sie möglichst jeden Tag einmal neu an.

**Variation Nr. 2 im geneigten Stil
Euphorbien und weiße Lilien**

In spiegelbildlicher Anordnung ist die Variation Nr. 2 im geneigten Stil auf diesem Bild dargestellt.

Die Shinlinie, aus Euphorbienzweigen gebildet, zeigt mit 45 Grad nach rechts. Soe, verdeutlicht durch eine Lilie, mit 15 Grad nach links und Hikae – wiederum Euphorbienzweige – zeigt mit 75 Grad nach vorn links. Zum Abrunden des Arrangements sind noch Grünlilienblätter beigefügt worden.

Zusammenfassend die wichtigsten Merkmale der Variation Nr. 2:

Der Berg-und-Tal-Stil zählt zu den ausdrucksvollsten Variationen im Moribana. Um seiner Form gerecht zu werden, benötigen wir bizarr geschwungene Zweige oder Blumen bzw. Pflanzen, die wir durch Biegen in die gewünschte Form bringen können (Biegetechnik siehe Seite 36). Kleine Schalen sind für diese Variation deshalb ungeeignet. Für das Arrangement wird gerne das größtmögliche Maß gewählt.

Variation Nr. 3, aufrechter Stil

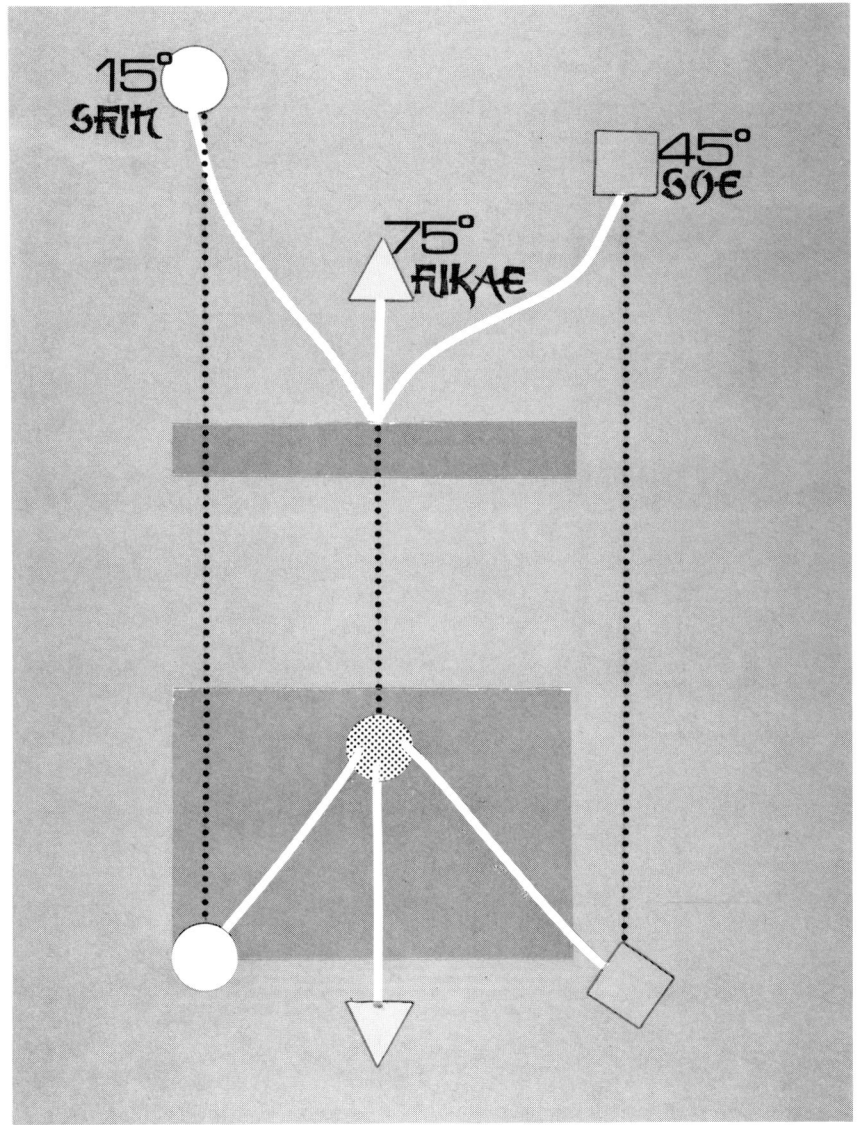

Graphik XV

**Variation Nr. 3 im aufrechten Stil
Freesien und Ranunkeln**

Die Variation Nr. 3

Hier werden in der Regel für alle drei Linien Blumen oder blühende Zweige, die wie Blumen wirken, verwendet. Wir nennen diesen Stil auch „Blumen in drei Wegen". Shin weist mit 15 Grad Neigung nach links und Soe mit 45 Grad Neigung nach rechts. Hikae wird in der vorderen Mitte des Kenzans eingesteckt, mit 75 Grad Neigung nach vorn weisend. Die drei Linien wirken wie ein geöffneter Fächer. Unser Beispiel zeigt für alle drei Linien gelbe Freesien. Betont werden diese Hauptlinien durch je eine rote Ranunkelblüte als Jushi. Grünlilienblätter runden das Gesamtbild ab.

Variation Nr. 3 im geneigten Stil
Italienischer Ginster und italienische Nelken

Da diese Form des Moribana nur mit Blumen arrangiert wird, ist die geneigte Anordnung noch mehr als die aufrechte für Tischgestecke besonders geeignet. Wir wählen das kleine Maß für das Arrangement, d. h. Shin mißt nur den einfachen Schalendurchmesser plus Schalenhöhe (siehe Seite 25 oben).

Variation Nr. 3 im geneigten Stil

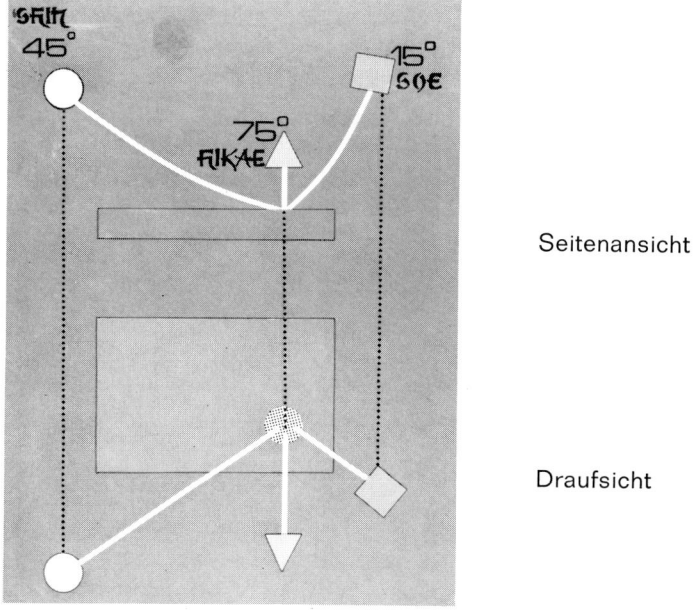

Seitenansicht

Draufsicht

Graphik XVI

In unserem Beispiel Seite 73 stellen wir Shin durch rosa gefärbten italienischen Ginster dar und arrangieren diese Linie mit 45 Grad Neigung nach
links vorn. Soe aus dem gleichen Material wird mit 15 Grad Neigung nach
rechts zur Seite weisend gesteckt. Hikae wird von der vorderen Mitte des
Kenzans ausgehend leicht nach vorn rechts weisend eingeordnet. Zur Unterstreichung der Linien dienen die mehrblütigen italienischen Nelken.

Zusammenfassend die wichtigsten Merkmale der Variation Nr. 3:

Wie der Name „Blumen in drei Wegen" aussagt, sollen die Hauptlinien
Shin, Soe und Hikae durch Blumen verdeutlicht werden. Sie dürfen nur von
Blütenzweigen umspielt und leicht überragt werden, allenfalls noch durch
leichtwirkendes Blattwerk, wie Farnwedel oder Blätter der Grünlilie. Bei
Verwendung von kräftigeren Zweigen und Blättern, wie Ahorn- oder Funkien-
blätter, werden diese soweit gekürzt, daß sie sich den Blumen unterordnen.

Die Variation Nr. 4

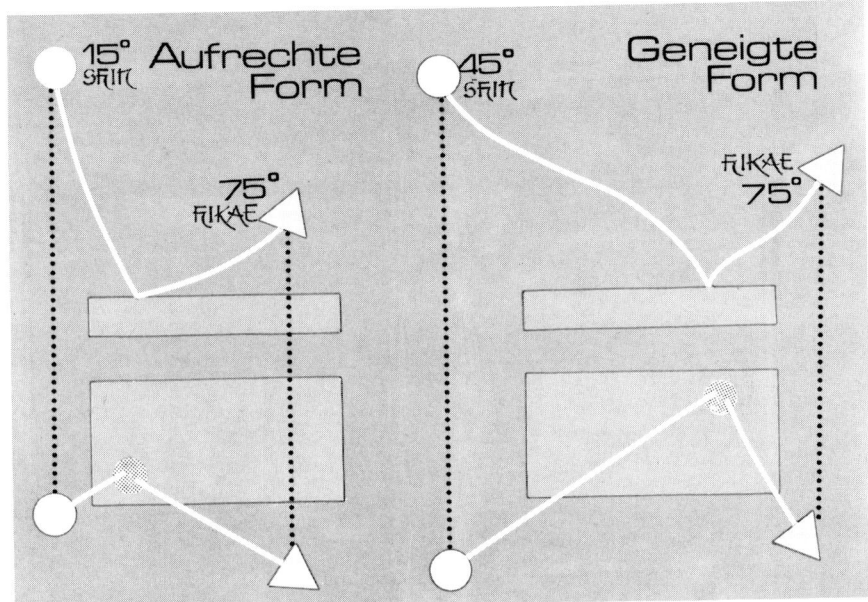

15° SHIN Aufrechte Form

45° SHIN Geneigte Form

75° FIKAE

FIKAE 75°

Graphik XVII

Dieser Stil besteht als einziger sowohl in der aufrechten als auch in der geneigten Form nur aus zwei Hauptlinien, nämlich Shin und Hikae. Soe fehlt also gänzlich. Für Shin sollten wir deshalb einen besonders ausdrucksvollen Zweig wählen. Hikae wird vorteilhaft durch eine großblütige Blume mit einem Blatt oder wenigen Blättern dargestellt.

In unserem Beispiel wird ein etwa 8 cm großes Schälchen auf einen schwarzen Lackteller von 25 bis 30 cm Durchmesser exzentrisch aufgestellt. Um auf dem empfindlichen Lackteller keine Schrammen zu hinterlassen, wird die Unterseite des Schälchens vorher mit selbstklebendem Filz versehen. Die Hauptlinie besteht aus einer interessant geformten Kiefernwurzel, deren Ausläufer wir gleich nach dem Schälen leicht mit Hilfe von Wäscheklammern und Bast noch etwas biegen können. Anschließend wird sie, wie in unserem Beispiel, mit schwarzer Lederfarbe eingefärbt. Lederfarbe hat den großen Vorteil, nicht störend zu glänzen und im Wasser nicht abzufärben. Auch diese Wurzel wird schräg angeschnitten, bevor sie als Shin mit 15 Grad Neigung nach links weisend eingesteckt wird. Hikae wird durch eine große Amaryllisblüte dargestellt. Den hohlen Stiel der Amaryllis füllen wir durch Reste der Amaryllisstielenden aus (siehe Seite 29). Vor dem Ein-

Variation Nr. 4 im aufrechten Stil
Kiefernwurzel und Amaryllisblüte

stecken wird der Amaryllisstiel mit grünem Bast umwickelt, um den nötigen Halt auf dem Kenzan zu bekommen und das Aufplatzen des Stieles zu verhindern. Ein schönes Blatt vervollständigt das Arrangement. Dadurch wird gleichzeitig der Kenzan verdeckt. Also können wir hier ganz auf Steine verzichten.

Durch dieses Arrangement wird der Ausspruch eines alten IKEBANA-Meisters in besonderer Weise versinnbildlicht:

> „Ein Blatt,
> Eine Blüte,
> Ein Zweig
> Sind für unsere Augen mehr denn tausend."

Eine weitere Möglichkeit: Mandelblütenzweig, große Hortensienblüte und ein üppiger Zweig der Spiraea arguta. Der verästelte Mandelblütenzweig stellt Shin dar und entspringt in seiner Linienführung aus dem Punkt Hikae, der durch eine Hortensienblüte repräsentiert wird. Ein fülliger Blütenzweig der Spiraea arguta rundet das Gesteck in der Basis ab. Die Linienführung des Mandelblütenzweiges machte hier wieder eine spiegelbildliche Anordnung der Variation 4 erforderlich (siehe Seite 78).

Das auf Seite 75 für den aufrechten Stil Gesagte gilt hier uneingeschränkt. Eine spiegelbildliche Anordnung der Linien Shin und Hikae ist auch hier möglich.

Wir haben uns in dieser geneigten Form die Aufgabe gestellt, den Winter in seiner Kälte durch eine Bleikristallschale, eine Orchidee und einen weißgestrichenen, knorrigen Zweig darzustellen. Zur Abdeckung des Kenzans werden Bleikristallsplitter benutzt (siehe Seite 79).

Die Kostbarkeit einer Orchidee in der erstarrten, blattlosen Natur neben den Eiskristallen wird hier besonders hervorgehoben.

Zusammenfassend die wichtigsten Merkmale der Variation Nr. 4:

Die Variation Nr. 4 wird als einzige Form nur aus zwei Hauptlinien gebildet. Das gilt sowohl für die aufrechte als auch für die geneigte Anordnung. Die Betonung liegt auf der Linie Shin, dem Himmel. Er wird durch einen ausdrucksvollen, kräftigen oder mehrfach gegabelten Zweig dargestellt, aber auch durch mehrere aneinandergefügte gleichartige Zweige, die ein Ganzes bilden. Hikae mißt ein Drittel der Länge von Shin und wird vorzugsweise durch eine große Blüte, wie die der Amaryllis, Anthurie, Lilie, Protea oder Pfingstrose ausgedrückt. Untermalt wird die Blüte durch ein großes Blatt, das gleichzeitig den Kenzan abdeckt. Gestaltet werden kann Hikae aber auch durch eine Zweier- oder Dreiergruppierung von Gerbera, Chrysanthemen oder Nelken.

Variation Nr. 4 im aufrechten Stil
Mandelblütenzweig, Hortensienblüte und Spiraea arguta

Variation Nr. 4 im geneigten Stil
Apfelzweig (weiß gesprüht) und Cymbidienrispe

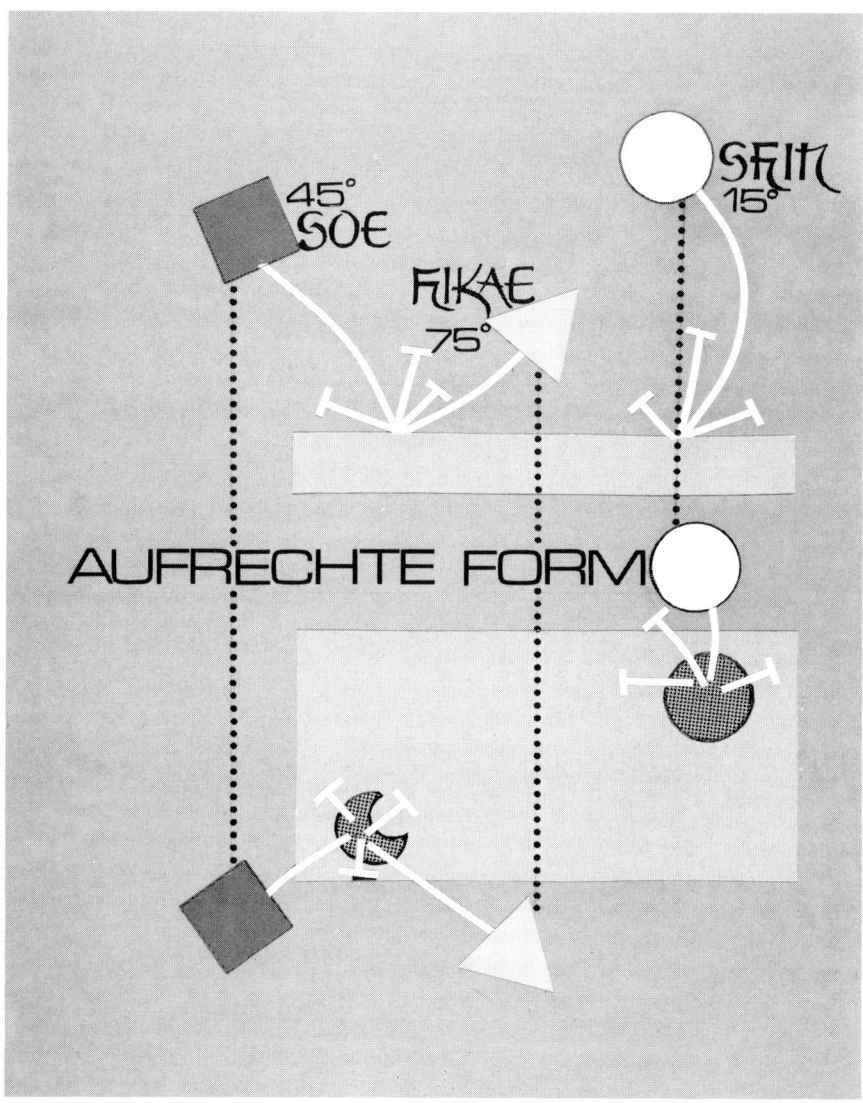

Graphik XVIII

**Variation Nr. 5 im aufrechten Stil
Trauerweide und Iris**

Die Variation Nr. 5

In unserem nächsten Beispiel haben wir Schilfkolben und Feuerlilien, von
der Variation Nr. 1 der aufrechten Form ausgehend, offen arrangiert, d. h.
mit einer getrennt aufgestellten Hauptlinie. Diesmal wird Hikae separiert
und auf Position 1 aufgestellt. Für Hikae haben wir eine mehrblütige Feuerlilie genommen. Shin und Soe stehen auf Position 3; dabei wird Shin durch
drei gestuft angeordnete Schilfrohrkolben verdeutlicht. Beiden Punkten

Variation Nr. 5 im aufrechten Stil
Schilfkolben und Feuerlilien

werden Feuerlilien als Jushis zugegeben. Neigungswinkel, Richtung und Einsteckplatz auf dem Kenzan für alle drei Hauptlinien sind genau wie auf Seite 27 beschrieben. In diesem Arrangement schafft die Wiederholung von Form und Farbe der dunkelbraunen Schilfkolben in den Staubgefäßen der Feuerlilien in verkleinerter Ausführung eine für das Auge angenehme Verbindung.

Variation Nr. 5 im aufrechten Stil
Flockenblumen, Kalanchoe und Pieris

Um ein Aufweichen der Schilfkolbenstielenden zu verhindern, haben wir sie mit einer selbstklebenden Plastikfolie umwickelt. Wir vergessen nicht, die Rohrkolben mit Haarspray zu konservieren (siehe Seite 41).

In Anlehnung an die Variation Nr. 4 in der aufrechten Form soll mit dem obigen Beispiel gezeigt werden, daß auch hier der Weg zu einer freien Gestaltung offen ist. Als Linie Shin verwenden wir gelbe Flockenblumen, auch unter dem Namen Centaurea bekannt, als Hikae arrangieren wir rote Kalanchoe. Zum Abdecken der Kenzane werden die kräftigen Blätter der Kalanchoe und ein kleiner blühender Zweig Rosmarin- bzw. Lavendelheide (Pieris) gewählt.

Variation Nr. 5 im geneigten Stil
Lärchenzweige, Rosen und Kiefernwurzel

Diese auseinandergezogene und geneigte Anordnung eines Arrangements
ist besonders beliebt und geeignet für ausgesprochene Landschaftsdarstel-
lungen. Hinsichtlich der verschiedenen Formen und Positionen der Kenzane
gilt das auf Seite 85, Abs. 2, Gesagte.

In dieser Variation wollen wir den auseinandergezogenen Stil kennenlernen, der auch das zweigeteilte IKEBANA-Arrangement genannt wird. Hierfür benötigen wir sowohl in der aufrechten als auch in der geneigten Anordnung eine möglichst langgestreckte, flache Schale in rechteckiger oder ovaler Form. Ebenso geeignet wären große runde oder quadratische Gefäße. Auch in der Draufsicht versetzt verlaufende große Schalen eignen sich hervorragend. Wir benötigen ferner zwei Kenzane oder einen Vollmond-Halbmond-Kenzan, dessen beide Teile getrennt in der Schale aufgestellt werden.

Da in dieser 5. Variation die Grundformen und die ersten vier Variationen durch getrennte Aufstellung einer Hauptlinie von den übrigen beiden Hauptlinien wiederholt werden können, was durch Separation von Shin, Soe oder Hikae geschieht, entsteht eine große Zahl von Ausführungsformen sowohl in der aufrechten als auch in der geneigten Anordnung. Deshalb werden die Positionen der beiden Kenzane oder der beiden Kenzanteile in der Schale je nach Variation, Stil und Material einander zugeordnet.

In unserem Beispiel Seite 83 verwenden wir einen Vollmond-Halbmond-Kenzan, wobei der Halbmondkenzan vorn links (Position 1) und der Vollmondkenzan hinten rechts (Position 3) aufgestellt wird (Graphik VI Seite 27). Wir arrangieren die Grundform des aufrechten Stils mit getrennt aufgestelltem Shin. Die Linie Shin haben wir durch einen knospigen Trauerweidenzweig dargestellt. Um diese Linie zu verstärken, ist eine noch geschlossene Irisblüte als Jushi beigeordnet worden. Shin hat 15 Grad Neigung in die Richtung nach hinten weisend und ist auf Position 3 eingesteckt. Soe hat 45 Grad Neigung zur linken Seite weisend und ist durch eine geöffnete Irisblüte versinnbildlicht, unterstützt durch einen Jushi, bestehend aus einer kürzeren ebenfalls geöffneten Iris. Hikae mit 75 Grad Neigung nach rechts zeigend, besteht aus fächerartig angeordneten Irisblättern. Beide Linien, Soe und Hikae, stehen auf Position 1. Bei den Arbeiten an diesem Arrangement wollen wir uns eine weitere Regel merken: „Knospige Blumen werden immer länger gelassen als die voll aufgeblühten". (Vergleiche dazu Seite 26.) Die schon gelben Ränder und Spitzen der Irisblätter haben wir der Blattform entsprechend nachgeschnitten. Ein optischer Zusammenhalt des Arrangements entsteht dadurch, daß die Irisblätter der Shin- und Hikae-Linie zueinander gerichtet sind. Verstärkt wird dieser Zusammenhalt durch das Legen der Steine über den Kenzan hinaus in geometrischen Formen, deren Verjüngungen wieder aufeinanderweisen.

Unserem Beispiel legen wir die Variation Nr. 1 in der geneigten Form zugrunde und öffnen das Arrangement durch das getrennte Aufstellen von Hikae. Da wir wiederum eine relativ große Schale verwenden, wird das kleinstmögliche Maß in der Regel diesem Landschaftsgesteck am meisten gerecht. Aus dem gleichen Grunde ist die Verwendung von besonders kleinblütigen und kleinblättrigen Zweigen und Pflanzen zu empfehlen. Alle drei Linien, Shin, Soe und Hikae werden in unserem Beispiel Seite 84, durch Lärchenzweige wiedergegeben. Wir können aber genauso gut nur Blumen oder Zweige und Blumen für die drei Hauptlinien wählen. Wir werden uns nur dann für eine Darstellung mit Zweigen für alle drei Hauptlinien entscheiden, wenn die Zweige entweder bizarr genug gewachsen sind oder sich durch Biegen in interessante Formen bringen lassen. Während bei den Linien Shin und Soe in den meisten Fällen zur Korrektur der Linienführung ein Auslichten der Zweige ausreicht, ist für die Hikae-Linie, die mit 75 Grad Neigung zu arrangieren ist, die Verwendung eines geraden, starren Zweiges unpassend. Lärchenzweige lassen sich leicht biegen, ebenso wie Weidenkätzchen, Ginster usw. (Seite 36) und fügen sich so in die etwas schwierige Hikae-Linie ein. Die orangefarbigen Rosen in unserem Beispiel dienen als Jushis zu den drei Hauptlinien und runden das Gesamtbild in farblicher Hinsicht ab. Durch die Verbindung von Baumwurzeln und Steinen, mit denen wir gleichzeitig den Kenzan verbergen, ferner mit Blumen und Zweigen, entsteht der Eindruck eines Landschaftsausschnittes.

Die Wurzel wird vorteilhaft vor der Verwendung mit Bootslack wasserabstoßend gemacht.

Zusammenfassend die wichtigsten Merkmale der Variation Nr. 5:

Dem auseinandergezogenen Stil werden in der aufrechten wie in der geneigten Form die Grundstile und deren Variationen Nr. 1 bis 4 zugrundegelegt. Eine der drei Hauptlinien, Shin, Soe oder Hikae, wird immer nach eigenem künstlerischen Ermessen isoliert, d. h. getrennt aufgestellt. Die zur Verwendung kommende Schale muß mindestens so groß sein, daß wir die getrennte Anordnung der Hauptlinien gut erkennen. Dem Charakter der geteilten Komposition entsprechend, wird meistens die kleinste Größe für ein Arrangement zu wählen sein, d. h. die Länge von Shin beträgt das einfache Maß von Schalendurchmesser und Schalenhöhe. Ebenso lassen sich in etwas freierer Auslegung dieses Stils die drei Hauptlinien einzeln aufstellen; es werden also drei Kenzane oder Kenzanteile verwendet, die je eine Hauptlinie tragen.

In den heißen Sommermonaten, wenn wir das Bedürfnis nach Kühle und Frische haben, ist ein solches Arrangement besonders willkommen. Die relativ große Wasserfläche in der langgestreckten oder ausgedehnten Schale gibt das Gefühl, einer durch Wald und Teich geprägten Landschaft gegenüberzustehen. Dabei haben die Steine nicht nur die Aufgabe, die Kenzane abzudecken, sondern sollen durch geschickte Anordnung die Bewegung des Wassers zum Ausdruck bringen.

Variation Nr. 5
geneigter Stil

Seitenansicht

Draufsicht

Graphik XIX

Die Variation Nr. 6

Dieser Stil eignet sich in erster Linie für Gestecke in der Empfangshalle, Diele, einem größeren Wohn- oder Geschäftsraum. Die Arrangements dieser Form zählen zur Gruppe der Tischgestecke, d. h. sie müssen von allen Seiten ansprechen, ohne dabei symmetrisch zu wirken. Wir arbeiten diese Arrangements gerne in hochgebauten, evtl. auf einem Fuß stehenden Schalen und verwenden für die drei Hauptlinien vorwiegend Blumen. Bei der Wahl der Blumen müssen wir uns vergegenwärtigen, daß das Gesteck von allen Seiten her einzusehen sein wird. Deshalb kommen einseitig gewachsene Blumen wie Gladiolen und die meisten der vorkommenden Blütenzweige für dieses Arrangement nicht in Betracht. Besonders geeignet: Lilien, Calla, Strelitzien, Chrysanthemen u. a. mehr.

In unserem ersten Beispiel zu dieser Form, Seite 90, wird Shin durch einen Fliederzweig dargestellt, der mit 15 Grad nach rechts zur Seite weisend eingeordnet und durch zwei Pfingstrosen verstärkt wird. Als Soe werden zwei volle Fliederzweige mit einer Neigung von 45 Grad nach vorn zur linken Schulter weisend eingesteckt. Für Hikae nehmen wir eine Pfingstrose mit Blättern, die mit 75 Grad Neigung nach hinten ausgerichtet ist.

Variation Nr. 6 im aufrechten Stil

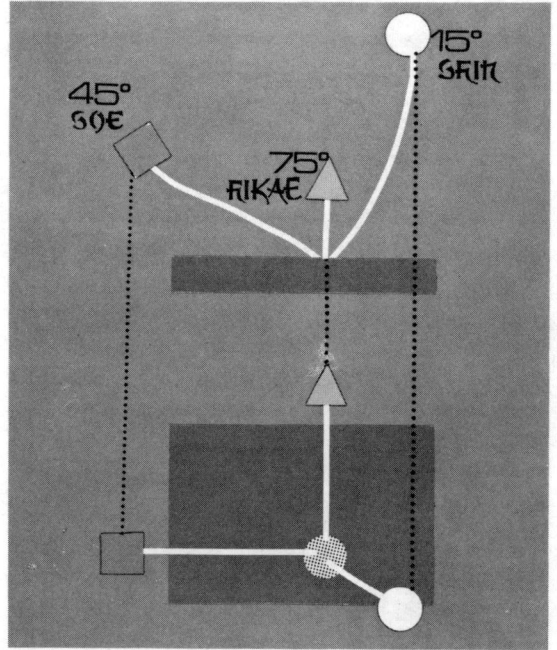

Seitenansicht

Draufsicht

Graphik XX

Das IKEBANA-Tischgesteck im horizontalen Stil wird im Zentrum absichtlich niedrig gehalten und in seinen drei Hauptlinien so flach angeordnet, daß man an der Tafel sitzend von allen Seiten in das Gesicht einer der Blüten sehen kann und nicht an Blattwerk und Stielen zur Blüte heraufschauen oder gar mit seinem Gegenüber ‚durch die Blume sprechen‘ muß. Wir stellen auf Seite 91 das typische IKEBANA-Arrangement für einen Tisch oder je nach verwendetem Material auch für eine festlich gedeckte Tafel vor.

Schalen für dieses Arrangement wählen wir für festliche Tafeln passend zu Tischdecke und Gedeck, aber auch zur Wohnungseinrichtung. Die Schalen sollten vorteilhafterweise von schlanker, langgestreckter oder hochgebauter Form, jedoch nicht zu groß sein. Auch Bleikristall- und feine Porzellanschalen finden gerne Anwendung. Während bei der Variation Nr. 6 im aufrechten Stil mehr großblütige Blumen verwendet werden können, kommen hier vorzugsweise kleinblütige zur Anwendung. Es ist selbstverständlich, daß beim horizontalen Tischgesteck noch mehr als beim Tischgesteck in der aufrechten Form die drei Hauptlinien durch Blumen oder sehr leicht wirkende Zweige gestaltet werden. Wir wählen für das Arrangement die kleinste Größe.

Variation Nr. 6 im aufrechten Stil
Weißer Flieder und Pfingstrosen

In unserem Bild betrachten wir das Arrangement von der Rückseite her, denn dieses IKEBANA soll von allen Seiten eingesehen werden können.

Fliederblüten verdeckende Blätter haben wir vorher entfernt. Dieses geschieht nicht nur der Optik wegen, sondern erfüllt gleichzeitig den praktischen Zweck, den Flieder länger frisch zu halten, da das durch den Stil aufgenommene Wasser jetzt in erster Linie der Blüte zufließt und nicht mehr durch die Blätter verdunstet.

Variation Nr. 6 im horizontalen Stil
Elfenbeinginster, Chrysanthemen, Rosen

In dem hier abgebildeten Beispiel haben wir Elfenbeinginster für die drei Hauptlinien und rote Rosen sowie mehrblütige weiße Chrysanthemen als Jushis verarbeitet. Wie die Graphik XXI auf Seite 93 zeigt, wird Shin mit 85 Grad und Soe mit 65 Grad Neigung vorn rechts im Kenzan stehend, zur rechten Schulter weisend eingeordnet. Hikae läuft in der hinteren Mitte des Kenzans stehend, mit einer Neigung von 75 Grad nach hinten, also abgewandt vom Gestalter. Bei einer Neigung von 85 Grad hat Shin in diesem Stil eine fast horizontale Anordnung, so daß etwas schwerere Blüten von unten her über der Schale mit Stielstücken der gleichen Blume abgestützt werden müssen.

Variation Nr. 6 im horizontalen Stil
Trauerweidenzweige, Moosröschen und Freesien

In dem obigen Beispiel sehen wir alle drei Hauptlinien durch Trauerweidenzweige dargestellt. Während Shin nur durch einen Zweig versinnbildlicht
wird, werden als Soe zwei Zweige und als Hikae drei Zweige der Trauerweide eingeordnet. Alle Zweige formen wir zu interessanten Schleifen, in
die sich die Moosröschen und lilafarbigen Freesien belebend einfügen.

Zusammenfassend die wichtigsten Merkmale der Variation Nr. 6:

Diese Form des IKEBANA-Arrangements muß sowohl im aufrechten als auch im horizontalen Stil von allen Seiten eingesehen werden können, d. h. die Blumen sollten ringsherum schön gewachsen sein. Hieraus erklärt sich auch, daß wir Baumwurzeln und schwere Zweige zu dieser Form nicht verwenden. Vorteilhaft wirkt für dieses IKEBANA eine hochgebaute Schale bzw. eine Schale mit Fuß. Wir merken uns die erheblichen Änderungen in den Neigungswinkeln beim horizontalen Stil. Mit 65 Grad ist Soe hier der höchste Punkt. Die fast waagerechte Anordnung von Shin verlangt nach einer Begrenzung der Länge der Shin-Linie und der anderen Hauptlinien, so daß wir in dieser Form das kleinstmögliche Maß des Arrangements bevorzugen. Eine vortreffliche Wirkung durch ein Tischgesteck wird nur dann erzielt, wenn wir Blumen und Schale auf Tischdecke und Gedeck abgestimmt haben.

Variation Nr. 6, horizontaler Stil

Graphik XXI

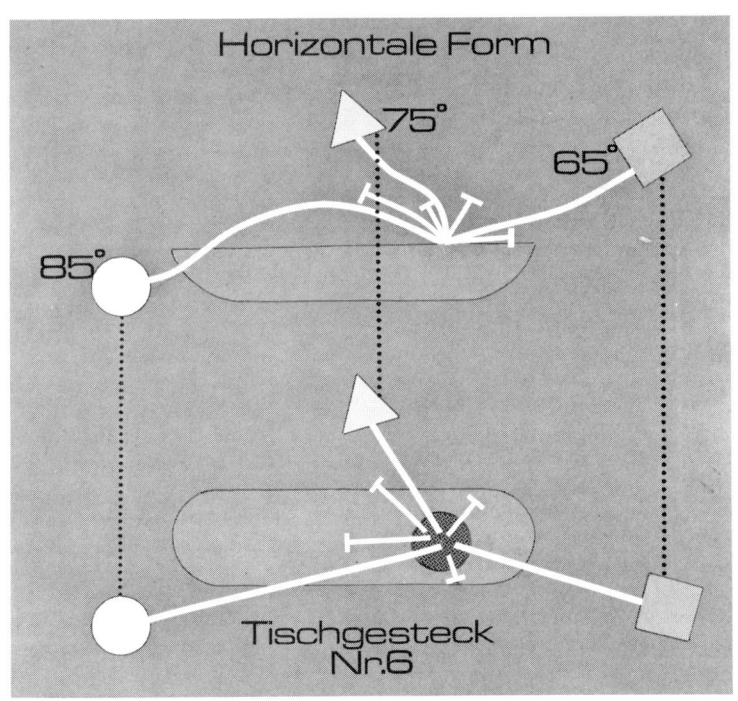

Variation Nr. 7 Ukibana (schwimmendes Arrangement)
Gladiolen, Blätter der Hortensie und Muscheln

Variation Nr. 7

Bei dieser Variation unterscheiden wir zwischen drei Stilen:

1. Ukibana   = schwimmend angeordnetes Arrangement
2. Morimono = ein Arrangement mit Früchten
3. Shikibana = Trockenarrangement mit Früchten.

In unserem Beispiel sind drei voll erblühte Gladiolenrispen ineinanderge-
steckt worden, wobei die hervorragende kleine Spitze die Hauptlinie Shin
versinnbildlichen soll. Als Hikae dienen drei übereinander angeordnete
Hortensienblätter.

Variation Nr. 7 Morimono (ein Arrangement mit Früchten)
Gerstenähren, rote Anemonen, Weintraube

In unserem Beispiel haben wir im aufrechten Stil Gerstenähren, rote Anemonen und eine dunkelblaue Weintraube zu einer Komposition verarbeitet. In der japanischen Reisschütte steht unauffällig eine Glasschale mit einem Kenzan, der das ganze Arrangement hält. Die Gerste haben wir unten mit Klebeband gebündelt. Um die gute Ernte zu symbolisieren, besteht Soe aus einem reichhaltigen Ährenbüschel. Hikae ist eine üppige, dunkelblaue Weintraube. Die Shin-Linie ist dargestellt durch mehrere in ihrer Länge stufenweise zugeschnittene Ähren.

Variation Nr. 7 Shikibana (Trockenarrangement)
Rohrkolben, Maiskolben, Lampionzweige, Zierkürbisse, Steine

Obenstehendes Beispiel zeigt ein Trocken- oder Dauerarrangement, wie es in einer geräumigen Diele stehen könnte. Auf einem großen flachen Korbteller ist hier Shin durch 2 dicke Rohrkolbenstiele dargestellt, denen ein Maiskolbenstiel mit sternförmig geöffneten Blättern beigeordnet wurde. Zwei Lampionzweige verkörpern Soe. Hikae wird durch einen noch am Stiel befindlichen Maiskolben ausgedrückt. Hierfür mußte ein besonders großer Kenzan von 15 cm verwendet werden, der durch Steine und Zierkürbisse verdeckt ist.

Bei Shikibana ordnen wir Blumen und Blütenzweige als Tischdekoration ohne Schale und Wasser an. Damit dieses IKEBANA, das in der Regel nur für einen Tag gedacht ist, während dieser Zeit frisch bleibt, umwickeln wir die Schnittflächen mit feuchter Watte. Mit Hilfe eines grünen Klebebandes (Guttacoll) wird die Watte isoliert, um ein Durchdringen der Feuchtigkeit nach außen zu verhindern. Eine solche Verbindung von Blumen, Blütenzweigen und Blattranken kann für ein kaltes Buffet sehr reizvoll sein.

Das Morimono läßt sich sowohl in flacher Schale als auch in Bastkörben arrangieren. Für uns Europäer ist es vielleicht etwas fremd und außergewöhnlich, auch Früchte wie Paprika, Zitronen, Tomaten, Äpfel, Weintrauben und Nüsse in ein Arrangement mit einzubeziehen. Für den naturverbundenen Japaner jedoch ist es ganz selbstverständlich, auch diese Geschenke der Natur, die so formen- und farbenreich sind, im IKEBANA sprechen zu lassen. Gefühlsmäßig werden wir eine solche Anordnung im Spätsommer oder Herbst bevorzugen. Gräser, Fruchtstände, Früchte und herbstliche Blumen sind passende Attribute.

Zusammenfassend die wichtigsten Merkmale der Variation Nr. 7 speziell im Ukibana (siehe Seite 94):

Für die meist ohne Stil angeordneten Blüten muß die Wasserfläche besonders niedrig gehalten werden, damit diese nicht zu stark in das Wasser tauchen und somit einen vorzeitigen Fäulnisprozeß einleiten. Große flache Schalen ohne Rand sind die hierfür geeigneten Gefäße. Seerosen und Lotosblüten sind die natürlichsten Gestaltungsmittel für ein solches Arrangement. Ihre Blütenblätter sind so beschaffen, daß sie auf dem Wasser liegend nicht so leicht faulen. Außerdem eignen sich gut Blüten der Clematis, Pfingstrosen, Dahlien, Skarbiosen, Rosen, Astern, Chrysanthemen, Rhododendron, Hybiskus, sowie die der Gladiolen. Wirkungsvoll ergänzt werden die Blüten bei einem solchen Arrangement durch passende, interessant geformte Blätter, z. B. von Lupinen, Efeu, Geranien oder Bergenien.

Mit interessanten Steinen oder Muscheln ergänzen wir das schwimmende Arrangement.

Wird der Blumenstiel mit in die IKEBANA-Anordnung einbezogen, müssen wir ihn unterhalb der Blüte anknicken und flachdrücken. In den meisten Fällen verzichten wir bei dieser Variation auf den Kenzan. Lediglich schwere Blumen (Chrysanthemen), deren Blütenblätter zum Teil im Wasser versinken würden, stellen wir auf einen kleinen Kenzan.

Die schwimmende Anordnung ist ein beliebtes Arrangement für die heißen Sommermonate und findet auf Gartenparties gerne Anwendung.

Variation Nr. 8 im aufrechten Stil
Spiraeazweige und rote Levkojen

In unserem Beispiel haben wir rote Levkojen und weiße Spiraeazweige in beiden Variationen verarbeitet.

Die bootähnlichen Schalen sind versetzt angeordnet, so daß jedes Arrangement ohne Kreuzungspunkte für das Auge sichtbar wird. Obwohl es zwei in sich abgeschlossene Variationen sind, haben wir durch die Linienführung der Blumen und Zweige ein großes zusammenhängendes IKEBANA geschaffen.

Variation Nr. 8 im geneigten Stil
Wilder Hafer, Ixien, Fruchtstände der Küchenschelle, Rosen und Bergenienblätter

Zwei halbmondförmige Schalen haben wir zur Gestaltung dieses IKEBANA ausgesucht. In spiegelbildlicher Anordnung ergänzt sich hier der geneigte Grundstil mit der Variation 3 der geneigten Form. Ixien, wilder Hafer, Fruchtstände der Küchenschelle, Rosen und Bergenienblätter bilden das Arrangement.

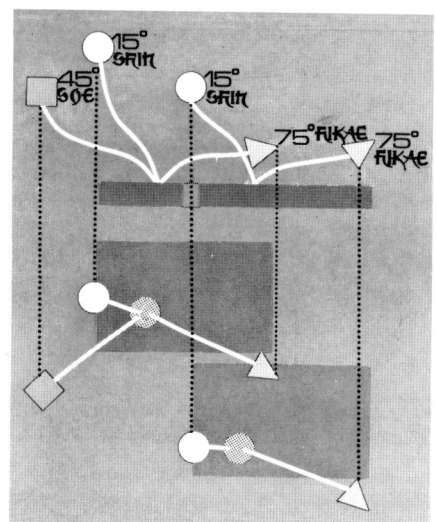

Graphik XXII

Zusammenfassend die wichtigsten Merkmale der Variation Nr. 8:

Hier bestimmt das jeweilige Material die zur Anwendung kommenden Stile. Es werden zwei voneinander unabhängige Variationen so arrangiert, daß sie ein harmonisches Ganzes bilden. Wir verwenden entweder zwei in Form und Farbe gleiche oder aber zueinander passende Schalen. Wirkungsvoll sind auch in der Farbe gleiche, in der Form verwandte aber in der Höhe unterschiedliche Gefäße.

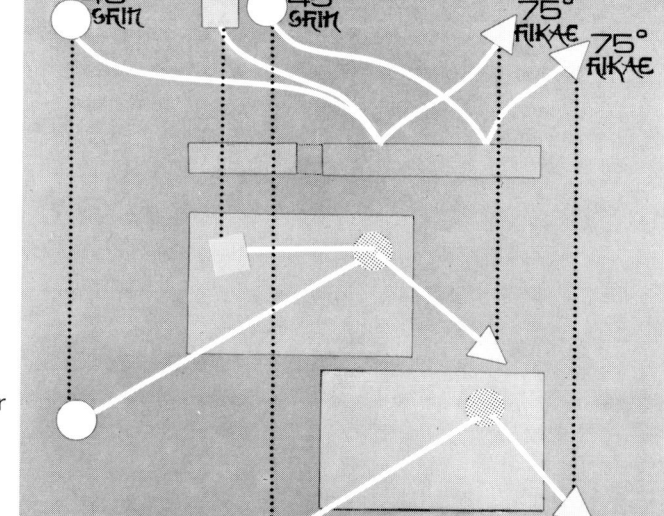

Graphik XXIII

Es ist darauf zu achten, daß der Shin-Zweig der zweiten Gruppe nur ¾ so lang ist wie der der ersten Gruppe.

100

Mondgefäß

Das Mondarrangement gehört keiner bestimmten Schule an. Symbolisch können wir durch ein solches Arrangement den Mond in seinen drei bekannten Variationen darstellen:
Zunehmender Mond, Vollmond, abnehmender Mond.
Wiederum finden wir in allen drei Formen unsere Dreiteilung, Shin, Soe und Hikae. Beim zunehmenden Mond fließen alle Linien zur linken Seite des Gefäßes. Hikae wird durch eine Knospe dargestellt.
Bei Vollmond-Darstellung sollte die IKEBANA-Komposition fast den gesamten Mondkreis ausfüllen und möglichst nicht aus dem Kreis herausragen.
Für den abnehmenden Mond verwenden wir die rechte Seite des Gefäßes. Hikae wird durch eine große offene Blüte dargestellt (siehe Seite 160).

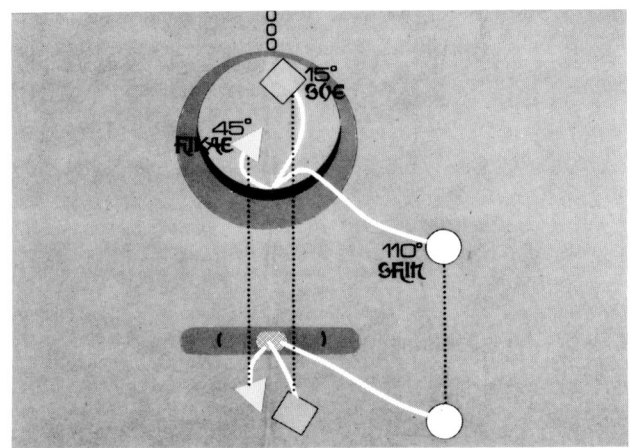

Graphik XXIV

VI. Der freie Stil

Der sich in Japan immer mehr durchsetzende freie Stil bietet dem IKEBANA-Schüler, der die traditionellen Grundstile und ihre Regeln genau beherrscht, eine Fülle von Möglichkeiten, seinen eigenen Empfindungen in gestalterischem und schöpferischem Schaffen Ausdruck zu verleihen.
Unter Anwendung der gelernten Technik wird die IKEBANA-Komposition ausgeführt, ohne jedoch einen der Grundstile zu berücksichtigen. Inspiriert oft durch verschiedenartige Materialien, vielleicht von einem Spaziergang mit nach Hause gebrachte Wurzeln, bizarr geformte Zweige oder auch Steine lassen uns ein Arrangement mit individuellen Vorstellungen gestalten. Die Gegensätze und die Gruppierung des gewählten Materials sind oft recht originell und lassen interessante Kompositionen entstehen.

Freier Stil
Strelitzien und Neuseelandflachs

So ergibt sich also das IKEBANA aus individuellen Vorstellungen, der Eigenart der benutzten Materialien und der technischen Gestaltung als den Komponenten des sogenannten freien Stils. Ein Gedankensplitter, ein seelisches Empfinden wird gestaltete Manifestation durch IKEBANA.

Wie mannigfaltig die Möglichkeiten im freien Stil sind, wollen wir anhand von fünf Beispielen kennenlernen.

Freier Stil
Anthurien, Bänderweide und Sansevierienblätter

Anthurien, diese fremdländischen Schönheiten mit ihren außergewöhnlich geformten Blüten eignen sich besonders für eine freie Gestaltung. Das unergründliche Gesicht der Blüte, ihre Formgebung und die leuchtende Farbe sind der Blickfang des IKEBANAS Seite 103. Diese ausdrucksvolle Blume duldet keinen auffälligen Farbklecks mehr in ihrer Nähe. Wir haben daher als Kontrast zu den Anthurienblüten als Shin-Linie einen leichten, nach oben schwingenden Zweig der Bänderweide gewählt. Zu den interessanten Anthurienblüten gehört eine kräftige Basis. Dicht verschlungene Bögen aus Sansevierienblättern erfüllen diesen Zweck. Damit die fleischigen Blätter bei solcher Verformung nicht unbeabsichtigt aufreißen, werden sie ein bis zwei Tage vor dem Arrangieren geschnitten und ohne Wasser aufbewahrt. Das so vorbereitete Sansevierienblatt legen wir auf ein Holzbrettchen und ritzen es mit einem Messer in der Mitte in Längsrichtung etwa 6 – 10 cm ein. Jetzt biegen wir die Spitze des Blattes nach vorn und ziehen sie durch den entstandenen Schlitz. Es bildet sich eine Art Vogelschnabel. Weitere interessante Formen erreichen wir, wenn wir die Blätter bis zur Spitze aufschlitzen, rechts und links des Schlitzes versetzt einen weiteren kleinen Einschnitt machen und dann die Spitzen des Blattes schleifenförmig durch die entstandenen Öffnungen führen. Ihrer Fantasie sind keine Grenzen gesetzt. Probieren Sie es! Sie werden immer neue Möglichkeiten von Linien und Bewegungen finden. Die Haltbarkeit eines so geschnittenen und geformten Sansevierienblattes, das auf dem Kenzan arrangiert wurde, beträgt ohne weiteres drei oder mehr Monate.

Freier Stil
Schilfkolben, Baumschwamm, Sonnenblume

Eine der schönsten und ausdrucksvollsten Blumen des Spätsommers und Herbstes ist die Sonnenblume. Sie wird gern im frei gestalteten IKEBANA verwendet. In unserem Beispiel, Seite 105, ist eine üppige Blüte mit zwei Schilfkolben und deren getrockneten, leicht gedrehten Blättern angeordnet worden. Um den großen Kenzan zu verdecken und die Basis zu betonen, haben wir einen großflächigen, getrockneten Baumschwamm verarbeitet. Schilfkolben und Baumschwamm werden zuvor sorgfältig mit einem gut klebenden Haarspray eingesprüht (siehe dazu Haltbarmachung von Trockenmaterialien Seite 41). Daß sich die Sonnenblume im IKEBANA besonderer Beliebtheit erfreut, geht auch daraus hervor, daß ihre getrockneten Fruchtstände insbesondere in Herbstarrangements häufig verwendet werden. Wir werden dabei versuchen, die große runde oder ovale Kernfläche interessanter zu gestalten, indem wir in der Mitte die Kerne entfernen, so daß im Zentrum eine kreisförmige oder ovale Fläche von leeren Waben zurückbleibt. Dabei müssen wir darauf achten, daß der entstehende Kernkranz von möglichst gleichmäßiger Randstärke ist. Bei der Bearbeitung mit anderen Trockenmaterialien werden die nicht zu großen Fruchtstände gerne rot, ocker, schwarz usw. gefärbt, um dem IKEBANA Farbeffekte zu verleihen.

In diesem durch grünfarbige Abstufungen gekennzeichneten IKEBANA sollen sich die gelb-grünen Gerbera wie kleine Sonnenquellen einfügen. Durch die Wahl der metallgrünen Schale wird die Ton-in-Ton-Komposition nicht durch zusätzliche Farbtöne gestört. Shin, Soe und Hikae sind durch je ein Aspidistrablatt symbolisiert. Wie aus einer Linie kommend, neigen sich die

Freier Stil
Aspidistrablätter, Gerbera, Pieris

Aspidistrablätter im oberen Bereich über den Gerberablüten, welche ihrerseits als Jushis den Hauptlinien zugeordnet sind. Ein Pierisblütenstand bringt die gewünschte Verbindung des Arrangements mit der Schale, hilft neben grün-gelben Steinen und Muscheln den Kenzan zu verdecken und rundet das Arrangement ab.

107

Freier Stil
Italienischer Ginster, Korkeiche, italienische Nelken, Kirschlorbeerzweig

In Anlehnung an Variation 4 ist das obige IKEBANA entstanden. Das kräftige Rosé der Nelken verbindet sich mit dem bizarren Rindenstück der Korkeiche durch die übergeordneten Ginsterzweige zu vollendeter Leichtigkeit.

VII. Rosen, Nelken, Chrysanthemen und Iris

Vier der bekanntesten Blumen und
ihre Verarbeitung mit passenden Materialien zu IKEBANA-Arrangements

Die verschiedenen Grundstile und deren Variationen haben wir in den vorangegangenen Kapiteln kennengelernt. Wir wollen uns merken, daß leichte und leicht wirkende Materialien, wie Gräser, schlanke, zierliche Zweige, knospige und hellfarbige Blumen, vorwiegend als Shin dienen. Für Hikae werden dagegen vollaufgeblühte sowie dunkelfarbige Pflanzen gewählt. Diese Grundregel sollten wir stets beachten.

Es müssen nicht immer exotische oder ausgefallene Blumen oder Pflanzen sein, die ein passendes Gesteck für unser Heim oder einen besonderen Zweck ermöglichen. Steht uns ein Zweig oder eine Blüte zur Verfügung, überlegen wir, womit wir sie kombinieren können. Vier der bei uns beliebtesten und am häufigsten vorkommenden Blumen, die sich besonders gut eignen und vielfältig mit anderen Materialien verwendbar sind, wollen wir uns in den folgenden Tabellen näher ansehen.

Wir arrangieren Rosen

*zu gelben und weißen Sorten
passen:*

hellblauer Rittersporn
dunkelblauer Rittersporn
rosa Wicken
lila Rosen
Sorte „Mainzer Fastnacht"
gelbe Iris
blaue Iris
blaue Anemonen (Frühling)
weiße jap. Anemonen (Herbst)
blaue Clematis
rosa-weiß-gestreifte Clematis
Ginster
Jap. Quitte
Rhododendron
Feuerlilie
Ebereschenbeeren
Sanddornzweige
Cotoneaster
blauer Enzian
Lavendel
rote Berberitze
Euphorbien
Steppenkerze
Tränendes Herz
gelbe Azalea pontica
Kiefer
Rotdorn
Eisenhut
Blutbuche
Zierlauch
Orchideen

zu rosa Sorten passen:

Rittersporn
Lindenzweige mit Fruchtstand
(Blätter entfernen)
Schleierkraut
weiße Freesien
Maiglöckchen
Lilien

110

Zweige aller Wildrosenarten
weiße Spiraea
blaue Clematis
Schwertlilien
Weigelien
Blutpflaumen
Blutbuche
Binsen
Rohrkolben
Astilben
Sternmagnolien
weiße Margeriten
Vergißmeinnicht
Kerzen-Ehrenpreis
Edeldisteln
Pampasgras
Philadelphus
Spiraea arguta
Enzian
lila Freesien
Perückenstrauch (Cotinus)
Tamariske
Steinbrech
Alyssum
Campanula
Eukalyptus
Liatris
Convilleen
Ixien
Veilchen

zu orangefarbenen Sorten
passen:

Schneebeeren
Kiefernzweige
weiße Spinnen-Chrysanthemen
Lilien
Kirschlorbeer, blühend
Zweige mit Kirschen (ohne Blätter)
Zweige mit Johannistrauben
Besenginster
blauer Lavendel
Rohrkolben
Geißbart
Cotoneaster
entblätterter Heidelbeerstrauch
gelber Ginster
Sommer-Jasmin
Efeu
Jungfer im Grün
Wegwarte
Wurzeln
Farn
Ilex
Zeder
Buddleia
Gräser
Schleierkraut
weißer Rittersporn
Kugeldisteln
Eisenhut
Edeldisteln, blau
Kerzen-Ehrenpreis
Ixien
Erlenzweige

zu roten Sorten passen:

Reisstroh
Freesien
wilder Kümmel
Margeriten
Maiglöckchen
zartgelbe Strahlen-Chrysanthemen
Eukalyptus
Trauerweide
Schwertlilien
Sternmagnolien
weißblättriger Ahorn
Deutzia
Weidenkätzchen
Philadelphus
grau-weißer Lavendel
blaue Atlaszeder
Knöterich
wilder Wein
Maiblumenstrauch
weißer Geißbart
Pampasgras
Lampenputzergras
Königslilie
Goldraute
Sommer-Jasmin
Spiraea arguta
Schleierkraut
weißer Flieder
Schneeball
Rittersporn
Calla
Farn
Kugeldisteln
Taxus
Zeder

Wir arrangieren Nelken

zu rosa Sorten passen:

Tamarisken
Farn
grüner Ginster
rosafarbiger ital. Ginster
Blutpflaume
Blutbuche
roter Ahorn
Schleierkraut
Weymouthkiefer
Mädchenkiefer
Cornus
Skabiosen
Weidenkätzchen
bemooste Zweige
Lärchenzweige
Rhododendron
Wacholder
blaue Lupinen
rosa Lupinen
Rittersporn
Eisenhut
Chaenomeles
Liatris
Weigelie
Mahonie
Skimmie
Blutjohannisbeere
Mandelbäumchen
Rosmarin
Kolkwitzie
Funkienblätter
Allium
Kugeldistel
Cotoneaster
Perückenstrauch (Cotinus)
Lampenputzergras (Pennisetum)

zu roten Sorten passen:

Farnwedel
grüner Ginster
weiße Lilien

Schleierkraut
Birkenzweige und kleine Stämme
Skabiosen
Weidenkätzchen
bemooste Zweige
Lärchenzweige
Rhododendron
Wacholder
Stechpalme (Ilex)
blaue Lupinen
Rittersporn
Eisenhut
weißer Flieder
Spiraea
Glyzine
Schneeball
Rosmarin
Deutzie
Pampasgras
Besenheide
Lampenputzergras

zu gelben Sorten passen:

Farnwedel
grüner oder gelber Ginster
Blutpflaume
Blutbuche
roter Ahorn
blaue Iris
Mädchenkiefer
Weymouthkiefer
Lärchenzweige
Rhododendron
Wacholder
blaue Lupinen
Rittersporn
Eisenhut
blauer Flieder
Liatris
Chaenomeles
Mahonien
blaue Glycinen

Zieräpfel
Berberitze

Wir arrangieren Chrysanthemen

zu weißen Sorten passen: Rotdorn
Liatris
Azaleenblätter
Kirschlorbeerblätter
Sansevierienblätter
Rhododendron
rote Rosen und Ginster
gelbe Rosen und Ginster
Euphorbien
Erlenzweige
Aukube
Buddleia
Artischocken
Weintrauben
Pampasgras
Perückenstrauch (Cotinus)
Kiefer
blaue Atlaszeder
Lärche mit grünen Nadeln
Lärche, trocken mit Zapfen
Stechpalme (Ilex), Blätter
Ilex mit roten Beeren
Wacholder
Hagebutten
Edeltanne
Scheinzypresse
heimische Eibe = Taxus
jap. Schirmtanne = Sciadopitys
gelbe und rostrote Chrysanthemen
Chaenomeles
Ligusterzweige mit Beeren
andere Zweige mit Beeren wie:
Hagebutte, Sanddorn, Zierapfel,
Eberesche, Schlehdorn, Schnee-
beere, Feuerdorn,
Callicarpa = Schönfrucht

116

zu gelben Sorten passen: Liatris
Azaleenblätter
Kirschlorbeer
Sansevierienblätter
Rhododendron
Lilienschweif
Allium
rote Rosen
gelbe Rosen und Ginster
Euphorbien
Cornus
Zierpaprika
Erlenzweige
Pampasgras
Weintrauben
Artischocken
Berberitzen
Buddleia
Perückenstrauch (Cotinus)
Baumwürger mit Früchten
Mädchenkiefer
Weymouthkiefer
blaue Atlaszeder
Lärchenzweige
Ilex = Stechpalme mit Beeren
Wacholder
Zweige mit Beeren, wie:
Liguster, Hagebutten, Sanddorn,
Kirschapfel, Schlehdorn, Eberesche,
Feuerdorn, Schneebeere, Callicarpa
Essigbaumfruchtstände = Rhus
Rohrkolben
weiße und rostrote Chrysanthemen
Ahorn
Buche
Eiche
Mahonie
Kastanienblüten
Walnuß-Zweige
Rinde und Rebstöcke
Schilfwurzeln

Canna-Wurzeln
Aspidistra-Blätter
Weidenkätzchen
Chaenomeles = jap. Quitte
Herbstlaub

zu rosa Sorten passen: bemooste Zweige
Liatris
Azaleenblätter
Kirschlorbeer
Sansevierienblätter
Rhododendron
Lilienschweif
Allium
Disteln
Erlenzweige
Pampasgras
Artischocken
Buddleia
Perückenstrauch
Mädchenkiefer = Pinus parviflora
Weymouthkiefer
Atlaszeder
Lärche
Wacholder
Ilex = Stechpalmenzweige
Scheinzypresse
Schirmtanne, jap.
Eibe = Taxus
Rhododendron
Kastanienblüten
Wurzeln und Rinde
Schilfknorren
Aspidistra
Weidenkätzchen
Chaenomeles
Zweige mit Beeren, wie:
Liguster, Ilex, Hagebutten, Sanddorn,
Schlehdorn, Kirschapfel, Eberesche,
Feuerdorn, Schneebeere,
Callicarpa = Schönfrucht

Essigbaumfruchtstände
Rohrkolben

zu roten Sorten passen: Cornus
Zierpaprika
Erlenzweige
Pampasgras
Weintrauben
Baumwürger
Mädchenkiefer
Weymouthkiefer
Atlaszeder
Wacholder
Ilex
Edeltanne
Scheinzypresse
Schirmtanne, jap.
Eibe
Rhododendron
Zweige mit Beeren, wie:
Ilex, Liguster, Hagebutten, Sanddorn,
Schlehdorn, Schneebeere,
Eberesche, Callicarpa, Kirschapfel
weiße und gelbe Chrysanthemen
gelbe oder weiße Calla
Lilienschweif
Kleopatranadel
Cyperngras
Vallota
Azalee
Goldregen
Schafgarbe
Spiraea
Inka-Lilie

Wir arrangieren blaue Iris (Iris hollandica)

Anstelle der holländischen Iris läßt sich ebenso die großblumige deutsche Iris, auch Schwertlilie genannt (Iris germanica), verwenden.

zur blauen Iris passen:

gelbe Strahlen-Chrysanthemen
gelbe Tulpen
gelbe Rosen
gelbe Nelken
rote Rosen
Binsen
Schilfrohrkolben
Miscanthus
Pampasgras
Schilfgras
Lampenputzergras = Pennisetum
Seerosen
Wurzeln
Forsythien
Potentilla
Zaubernuß
Goldrute
Weigelie
jap. Ahorn
jap. Quitte (Chaenomeles)
Mandelbaum
Tamariske
Kirschapfel
Mimosen
Eukalyptus
gelbe Iris
Edeldisteln
Trauerweide
Convilleen
Euphorbien
Nerinen
Sanddorn
Feuerdorn
Blutjohannisbeeren
Phlox
Fackellilien (Kniphofia)
gelbe Calla

weiße Calla
Lilienschweif
Kleopatranadel
Cyperngras
Vallota
Azalee
Goldregen
Schafgarbe
Inka-Lilie
Spiraea
Buddleia
weißer Flieder
weiße Pfingstrosen
Besenheide
Edelweißmargeriten
Sonnenblumen
Hortensien
rosa Lupinen
Geranien
Rhododendron
Trollblume
Tränendes Herz
Drehweide =
Salix madzudana „Tortuosa"
Korkenzieherhasel = Corylus
avellana Contorta
gelbe Primeln

zur gelben Iris passen:

Binsen
Rohrkolben
Miscanthus
Schilfgras
Lampenputzergras
Wurzeln
jap. Ahorn
Chaenomeles
Mimosen
Buddleia
blaue Lupinen.

Blumen, die sich nicht miteinander vertragen

Stark duftende Blumen rufen ein Unverträglichkeitsverhältnis hervor, wodurch Rosen und Flieder oder Maiglöckchen und Rosen im selben Arrangement zum vorzeitigen Welken verurteilt sind. Besonders auffällig ist das auch bei einer Kombination von Sommerjasmin mit Rosen oder Jasmin mit Nelken oder Jasmin mit Gerbera. Alle schleimabsondernden Stiele sind ebenfalls unverträglich mit anderen Blumen in ein und demselben Gefäß, z. B. Narzissen – Tulpen, Narzissen – Gerbera, Sternnarzissen – Rosen.

Insbesondere auf die Kombination Rosen und Maiglöckchen möchten wir oftmals ungern verzichten. Wenn wir die Maiglöckchen frisch anschneiden und sie dann für 24 Stunden allein in die mit Wasser gefüllte Vase stellen, ziehen die Giftstoffe zum größten Teil heraus.

Blumen und Zweige, die zusammen in einem IKEBANA keine ausgewogene Harmonie ergeben:

Iris und Kiefer: Man stellt sich die Iris, am Wasser wachsend, mit Seerosen, Lilien, Schilfkolben, Binsen usw. vor, während man die Kiefer auf trockenem Boden, in der Heide oder in einer Berglandschaft findet.

Diese Pflanzen passen dem Wesen, Charakter und auch dem Wuchs nach nicht zusammen.

Jahreszeitlich oder landschaftsmäßig lassen sich folgende Pflanzen nicht miteinander in Einklang bringen:

Osterglocken mit Schilfkolben: Sie sind der Ausdruck ganz verschiedener Jahreszeiten. Untrennbar ist die österliche Zeit, das Frühlingserwachen mit der Osterglocke verbunden. Schilfkolben lassen uns an den Herbst denken. So erwecken diese Pflanzen unterschiedliche Stimmungen in uns.

Hortensie und Kiefer: Die Hortensie steht als Moorbeetpflanze dem nassen Element weit näher als dem trockenen Waldboden der Kiefer.

Wesensmäßig und charakterlich passen nicht zusammen:

Strelitzien und Rosen: Die Strelitzien verkörpern das Männliche, das Herbe, Strenge, Rustikale. Die Rose andererseits stellt das typisch Weibliche, Mädchenhafte, Feingrazile dar.

Anthurie und Birkenzweige: Man würde sie ebenfalls nicht miteinander kombinieren. Die fremdländische, herb-exotische, männlich wirkende Anthurie ist undenkbar mit den leicht beschwingten, im Winde wehenden Birkenzweigen, die für uns den Frühling verkörpern und unserer Landschaft eng verbunden sind.

Pflanzenblätter zur Ergänzung der Blüten und zum Abdecken des Kenzans

Blätter der Gartenstauden:
Funkien
Bergenien
Lupinen
Paeonien
Schwertlilien

Wedel folgender Gartenfarne:
Hirschzunge
Rippenfarn
Wurmfarn
Schildfarn

Einzelne Blätter folgender sommergrüner Laubgehölze:
Ahorn, besonders jap.
Fächerahorn
(grün, rot und schlitzblättrig)
Bergahorn
echte Kastanie
weiß- und gelbbunter
Cornus = Kornelkirsche
Roßkastanie
Perückenstrauch = Cotinus, rot
Blutbuche
Bluthasel
Blutpflaume
Wilder Wein
Silberlinde
Rhus-Essigbaum

Einzelne Blätter folgender immergrüner bzw. wintergrüner Laubgehölze:
Andromeda-Lavendelweide
Azalea japonica
Buchsbaum
Elaeagnus-Ölweide
Hedera = Efeu
klein- und großblättrige Ilex = Stechpalme
Kalmia = Lorbeerrose
Liguster, grün und weißbunt
Mahonia = Sauerdorn

Pachysandra
Prunus laurocerasus =
Kirschlorbeer
Rhododendron
Skimmie
Viburnum rhytidophyllum =
wintergrüner Schneeball
Vinca = Immergrün

Blätter von Topfpflanzen: Adiantum = Frauenhaarfarn
Aralie und Efeuaralie
Asparagus plumosus und
Asparagus sprengeri
Aspidistra = Schusterpalme
Aukube gelbbunt
Chlorophytum = Grünlilie
Cyperngras niedrig und hoch
Croton in vielen Farben
Dracaene = Drachenlilie
Ficus = Gummibaum bzw. Feige
Hedera-Efeu
Maranta
Monstera = Baumfreund
Nephrolepis = Nierenschuppenfarn
Philodendron
Sansevierie in grün und gelbgrün.

Damit sind aus der Fülle schöner Blätter nur einige, dafür aber wirklich halt-
und brauchbare genannt.

VIII. Festtagsgestecke

Taufe

Für eine Tauffeier können wir uns kaum bessere Blumen vorstellen als pastellfarbige Wicken, Freesien, Moosröschen, Nelken, Alpenveilchen und Ixien, also Blüten in zartesten Tönen und Formen. Wer sie auf den kleinen Erdenbürger abstimmen möchte, kann die Betonung auch auf rosa bzw. hellblaue Farben legen.

Wir arrangieren sowohl aufrecht wie geneigt in der dritten Variation (siehe Seite 71), also „Blumen in drei Wegen" oder den horizontalen Stil in der Variation Nr. 6, das eigentliche Tischgesteck, (Seite 88 – 93).

Für ein Mädchen:

Italienischer Ginster und rosa Nelken
Mandelblüten und rosa Nelken
rosa Moosröschen und Enzian
rosa Nelken und blaue Skabiosen
Polyantharosen und Margeriten
zartfarbige Wicken und Schleierkraut
rosa Rosen und weiße Wicken
Nerinen und Enzian
rosa Moosröschen mit Ixien in den Farben von weiß über gelb bis zum dunklen Rot
rosa Nelken und weiße Freesien
rote Ranunkeln mit weißen Freesien oder Schneeballblüten
rosa Alpenveilchen und Vergißmeinnicht
Maiglöckchen, Bellis, Vergißmeinnicht.

Für einen Jungen:

Blaue Wicken und rosa Moosröschen
Kornblumen, Schleierkraut und Margeriten
lila Anemonen und Maiglöckchen
blaue Wicken und weiße Skabiosen
blaue Freesien und weiße Skabiosen
blaue Freesien, blaue Anemonen und Topffarn
Veilchen und Mimosen.

Hochzeit

Das Gesteck soll festlich wirken und dem Rahmen der Hochzeitsfeier ange-paßt sein. Wir arrangieren vornehmlich den horizontalen Stil in der Varia-tion Nr. 6, also wieder das eigentliche Tischgesteck.

Vorteilhafterweise verwenden wir längliche Schalen oder kelchartige Ge-fäße auf hohem Fuß, die in Material und Farbe auf Tischdecke und Gedecke abgestimmt sind. Kristall- oder Mattglas wirkt besonders gut sowie feinge-formtes helles Porzellan.

Beispiele für Hochzeits-IKEBANA:

Weiße Lilien, rote Rosen und Efeuranken
weißer Flieder und sowohl rosa als auch rote Nelken
gelbe Rosen, blaue Anemonen und grüner Farn
weiße Nelken und lila Flieder, dazu evtl. Funkienblätter
Lilium auratum und weiße Astilben
Euphorbienrispen und weiße Lilien, dazu Crotonblätter
rosa und weiße Rosen, dazu grüne Kerzen und Grünlilienblätter
gefüllte weiße Freesien, rosa Rosen und Vergißmeinnicht, dazu Schleier-kraut und Steinbrechrispen
rosa Rosen, Apfelblüten und weiße Kerzen
weiße Freesien, orangefarbige Polyantha-Rosen, Schleierkraut oder Efeu-ranken
rote Rosen, weiße Margeriten und Schleierkraut
rote Rosen, weiße Spinnenchrysanthemen und Schleierkraut
orangefarbige Rosen, Montbretien und blaue Clematis.

Ein aus dem Rahmen fallendes Arrangement ergibt sich aus den folgenden Kombinationen:

Lila Rosen (Mainzer Fastnacht) mit weißen Rosen
lila Rosen (Mainzer Fastnacht) mit weißen Freesien
lila Rosen (Mainzer Fastnacht) mit weißen Lilien,
dazu ergänzend Schleierkraut, Blätter der Grünlilie, Asparagus oder Efeu-ranken.

Kerzen werden immer lang, 30 cm, 40 cm, 45 cm, in sakraler Form verarbeitet.

Konfirmation/Kommunion

Wir wählen festlich wirkende, nicht zu großblütige Blumen, die die Würde des Tages unterstreichen. Das Arrangement soll sowohl durch die Wahl der Schale bzw. Vase als auch durch das verwendete Pflanzenmaterial harmo-nisch auf die Räumlichkeit abgestimmt sein. Feierlich wirken für diesen Tag

126

gerade, sakrale Kerzen in den Farben weiß, dunkelgrün oder lila. Sie lassen sich teilweise mit in unsere Gestecke verarbeiten.

Beispiele passender Tischgestecke:
Weiße und lila Freesien, rosa Moosröschen und lila Kerzen
weiße Freesien, rosa Moosröschen und Enzian oder Veilchen
Brodiaea, rosa Moosröschen und Maiglöckchen
Maiglöckchen, Enzian und rosa Moosröschen
rote Rosen, weiße Strahlenchrysanthemen und Elfenbein-Ginster
rosa Rosen, blaue Wicken und Schleierkraut
Spiraea arguta, Enzian und
margeritenartige Chrysanthemen in weiß oder rosa.

Muttertag

Anna Jarvis führte diesen Ehrentag für alle Mütter unter Zustimmung des amerikanischen Kongresses am 10. Mai 1913 in den USA ein. Seit 1923 wird dieser Tag auch in Deutschland gefeiert, und zwar immer am 2. Sonntag im Mai. An diesem Tag ist es naheliegend, Maiglöckchen sprechen zu lassen. In erster Linie geht es darum, der lieben Mutter Freude zu bereiten und so sollten wir ihre Lieblingsblumen mit schönem Beiwerk arrangieren:

Maiglöckchen, rote Rosen und Enzian
Maiglöckchen, rote Rosen und Stiefmütterchen
weiße Freesien, rote Rosen und Vergißmeinnicht
rosa Rosen, rote Ixien und Brodiaea
Maßliebchen, Enzian und weiße Freesien
rote Gladiolenblüten, kurze, weiße Lilien, Funkienblätter
rosa Phalaenosis mit Maiglöckchen, Adiantum, Efeuranken
rosa Cattleya, weiße Freesien, Marantablätter
Feuerlilie und gelbe Rosen mit grünem Farn.

Geburtstag

Die jeweilige Zusammenstellung der Blumen und Zweige wird je nach Alter, Jahreszeit und natürlich wieder nach persönlicher Bevorzugung des zu Beschenkenden gewählt. Bei Kindern erwarten wir eine bunte, verspielte Kombination, beispielsweise:

Margeriten, Kornblumen und roter Mohn
bunte Chrysanthemen, Astern, Zinnien oder Dahlien mit Gräsern
verschiedenfarbige Wicken mit Gräsern.

Auch kurze Rittersporntriebe, roter Phlox und Margeriten ergeben ein farbenfrohes IKEBANA.

Für den blumenliebenden Erwachsenen können wir einzelne wertvolle und auch ausgefallene Blumen in ein IKEBANA verarbeiten, wie Strelitzien, Anthurien, Prothea, Orchideen und Amaryllis. Diese Blumen lassen sich vorteilhaft mit getrockneten Wurzeln, Baumrinde, Cornus oder Rhododendron arrangieren.

Darüber hinaus werden folgende Zusammenstellungen empfohlen:

Weiße Convilleen, rote Rosen, Enzian
rote Rosen, Margeriten, Kornblumen, dazu etwas Schleierkraut
gelbe Rosen, lila Freesien und Edelberberitze
Gerbera in verschiedenen Pastelltönen mit eigenen Blättern oder denen der Grünlilie. Ganz besonders apart wirken sie mit Crotonblättern.

Ostern

Ein typisches Ostergesteck, das die ganze Familie erfreut, erstellen wir aus einem Birkenzweig, drei Osterglocken und selbstbemalten oder auch bunten Miniatur-Holzeiern, wie wir sie in Kunstgewerbegeschäften bekommen (siehe Seite 154). Dazu verwenden wir etwas Moos und arrangieren alles in einer kleinen Keramik- oder Glasschale, die wir in ein Bast- oder Rohrgeflechtkörbchen hineingestellt haben. Der schöngewachsene und verzweigte Birkenzweig wird fast senkrecht in die hintere Mitte des Kenzans eingesteckt. Die Osterglocken werden mit ihren Blüten nach oben weisend, so, als hielten sie Zwiesprache mit dem Zweig, in der Länge etwas gestuft, in Dreiergruppierung arrangiert. Die Blumenstiele haben wir zuvor wie alle hohlstieligen Pflanzen entsprechend vorbehandelt (s. Seite 29). Wir arbeiten nach einer Abwandlung der Variation Nr. 4 (s. Seite 77). Zur Unterstreichung von Hikae verwenden wir Blätter der Osterglocke. Der Kenzan wird in diesem Fall mit grünem Plattenmoos abgedeckt. In den Birkenzweig verteilen wir die kleinen Ostereier in bunter Reihenfolge, wobei wir darauf achten, daß farblich ähnliche Eier in kleinen Gruppen zusammenhängen.

Weitere Kombinationsmöglichkeiten für Ostern sind:

Erlenzweige und Osterglocken
Forsythien und Osterglocken
Haselnußzweige und Osterglocken
Iris und Osterglocken
Weidenkätzchen, rote Tulpen und Osterglocken
Korkenzieherhasel und Osterglocken
blaue Anemonen und Osterglocken
Kornelkirschenzweige und Osterglocken
rote Tulpen und Osterglocken.

Pfingsten

Pfingsten und die Pfingstrose sind eng miteinander verbunden. Diese Pflanze – auch Paeonie genannt – zählt zu den ältesten Gartenblumen. Es gibt sie in mehr als 33 verschiedenen Arten. Im 17. Jahrhundert gelangten ostasiatische Züchtungen nach Europa. In China wird die Pfingstrose als Königin der Blumen verehrt. Im Mittelalter wurde sie erfolgreich gegen Gicht angewandt, daher auch der Name: Gichtrose. In der Literatur und Malerei erscheint sie oftmals symbolisch als Rose ohne Dornen.

Interessante Zusammenstellungen mit Pfingstrosen sind:

Spiraea, blaue Schwertlilien
Lupinen, rosa Weigelienzweige
weißer Flieder, rosa Tamarisken, rote Levkojen.

Die Pfingstrose wird aber auch schwimmend, wie eine Seerose verarbeitet (Variation 7).

Weihnachten

Die Vorbereitungen für Weihnachtsgestecke treffen wir bereits Anfang Dezember – etwa vom 4. an, dem Barbaratag. Dafür schneiden wir bizarre Forsythien- oder Apfelzweige, Kirsch-, Mandel- oder Magnolienzweige. Nur wenn diese Bäume und Sträucher vor dem Schnitt Frost bekommen haben, können wir sicher mit einer Blüte rechnen. Damit die rechtzeitig geschnittenen Zweige auch zum Weihnachtsfest blühen, helfen wir der Natur mit einer kleinen List nach. Wir stellen die Zweige zunächst für ein bis zwei Tage in 20 bis 30 Grad warmes Wasser oder legen sie mit ihrer ganzen Länge in eine Wanne. Das hat den Vorteil, daß sich die Zweige und Knospen voll Wasser saugen können und weich werden, um später in großer Zahl aufzublühen. Nach dieser Vorbehandlung werden die Zweige in eine möglichst tiefe mit warmem Wasser gefüllte Vase in einen warmen Raum gestellt. Von Zeit zu Zeit, etwa alle zwei Tage, besprühen wir die Knospen mit einer Blumenspritze, damit sie in den geheizten Räumen nicht austrocknen. Sie öffnen sich dann nach zweieinhalb bis drei Wochen.

Um die Schönheit der Blütenzweige voll zur Geltung zu bringen, werden sie vorzugsweise allein, also ohne sonstige Blumen, zu einem IKEBANA verarbeitet. Eventuell kann man ihnen auch Steine, Wurzeln und Rinde im freien Stil zuordnen.

Will man ein Weihnachts-Arrangement mit Blumen gestalten, so eignen sich dafür:

Amaryllis, Rhododendronblätter und schwarzgefärbtes Wurzelstück (siehe Seite 76).
Amaryllis, roter Cornus und Taxus
Königsprothea, Stacheldrahtrose (Rosa omeiensis)
Kahle Zweige, Rhododendronblätter
rote Euphorbienrispen und weiße Lilien
bemooste Zweige und Christrosen oder auch Alpenveilchenblüten samt den schön gemaserten Blättern.

Anlehnend an IKEBANA können wir uns auch in der vorweihnachtlichen Zeit ein Arrangement, sogar ohne Schale und Kenzan, mit Wurzeln, Moos, Blumen und einigen Hilfsmitteln herstellen.

Hierzu verarbeiten wir beispielsweise eine oder mehrere bizarre Wurzeln, die wir sauber und geschickt zusammennageln. Einen niedrigen, aber großblütigen Weihnachtsstern nehmen wir aus seinem Topf und entfernen vorsichtig, ohne die Wurzeln zu beschädigen, nur soviel Erde, daß die Hauptwurzeln noch bedeckt sind. Den verbleibenden Wurzelballen umhüllen wir vollständig mit Sphagnum (Torfmoos), das wir mit Wickeldraht festbinden. Eine zurechtgeschnittene durchsichtige Plastiktüte oder ein rundes Stück Plastikfolie legen wir nun halbkugelartig zum Schutz unter den Moosballen, um bei späterem Begießen Textilien oder Möbel nicht zu beschädigen. Danach wird alles mit Draht befestigt und das Ganze mit den Wurzeln gut verbunden. Um das Durchdringen der Feuchtigkeit voll auszuschließen, könnten wir, je nach Wurzel- bzw. Knorrengröße, das Arrangement auf eine passende Schale oder einen Holzteller legen.

Als Basis für weitere Materialien dient jetzt der Moosballen, in den wir nun einen schräg angeschnittenen Kiefernzweig als Shinlinie stecken. Hikae wird durch den Weihnachtsstern gebildet und durch einen Ilexzweig unterstrichen. Wir können den Ilexzweig vorher vergolden oder versilbern. Dieses Arrangement ist eine Ableitung der Variation Nr. 4, enthält also keine Soe-Linie (siehe Seite 75).

Anstelle des Weihnachtssterns können wir auch kostbare Orchideen in das Weihnachtsarrangement einfügen, z. B. Phalaenopsis, Cattleya oder Frauenschuh. Durch ein in das Moospolster eingeführtes Orchideen-Röhrchen werden die Blüten mit Wasser versorgt.

Gern wird in der Adventszeit auch ein weihnachtliches Gesteck ohne Blumen nur mit Kerzen gestaltet. Da die Standfestigkeit der Kerzen besonders wichtig ist, sei hier auf zwei Möglichkeiten hingewiesen:

1. Wir nehmen ein Stück Steckdraht, formen ihn zu einer 10 cm langen Haarnadel und drücken die Rundung mit einer Flachzange fest zusammen. Dieses Ende wird glühend gemacht und ungefähr 2 cm in das untere Ende der Kerze eingeführt. Bei dicken Kerzen sind mehrere solcher Haltedrähte erforderlich.

2. Noch einfacher ist es, die Kerzen 5 Minuten etwa 10 cm tief in lauwarmes Wasser zu stellen. In das weichgewordene Wachs lassen sich dann mühelos 2 bis 3 Steckdrähte einführen. Die etwa 3 cm langen, aus den Kerzen herausragenden und aufgebogenen Drahtenden, führen wir nun in das festumwickelte Moospolster ein. Nun können wir mit Koniferengrün, Lotoskapseln, Zapfen, Baumwollfrüchten und ähnlichem das Arrangement vollenden. Apart wirkt dazu ein die Kerze umspielender Zweig, z. B. der Drehweide, Korkenzieherhasel oder Bänderweide. Eine ansprechende Wirkung wird auch durch mehrere gebogene Kätzchenzweige erzielt.

Das Vergolden der Zweige sollte äußerst sparsam geschehen. Es ist nur ratsam bei einem anspruchsvollen Gesteck, bei dem wir Blauzeder bzw. Blautanne zusammen mit naturfarbigen Bienenwachskerzen oder auch grüne bzw. lila Kerzen in sakraler Form verarbeiten.

IX. Welche Arrangements in welchem Monat

Blumen und Zweige im Wechsel der Kalendermonate und ihre schönsten Kombinationsmöglichkeiten

Arrangements im Januar

Forsythien:	Osterglocken, Iris, Tulpen, blaue Anemonen
Weidenkätzchen:	Rosen, Tulpen, Anemonen, Narzissen, Nelken
vorgetriebene Weide:	Freesien und Anemonen, Freesien und Ranunkeln.
Erle:	Osterglocken, gelbe Tulpen, gelbe und rote Nelken; im Landschaftsgesteck statt Weidenkätzchen Erlen und Rosen
Flechtenzweige:	Rosensorte Super Star, Tulpen, Osterglocken, Dendrobien
Ilex:	weiße Lilien, Amaryllis, Osterglocken, Chrysanthemen, Orchideen, Calla
Hamamelis:	allein; dunkelrote Tulpen, blaue Anemonen
echter Jasmin:	Tulpen, Anemonen, Osterglocken
Waldhasel:	Osterglocken, Tulpen
Kiefern:	Rosen, Osterglocken, Amaryllis, Gerbera
kahle Zweige:	Nelken, Osterglocken, Calla, Mimosen, Alpenveilchen
kahle Heidelbeersträucher:	Moosröschen, Landschaftsgesteck mit Primeln und Schneeglöckchen, Tulpen, Alpenveilchen Freesien, Tazetten, Narzissen, rosa Nelken
Mandelbäumchen: (Prunus)	einzeln, Mimosen, Osterglocken (Tag des Mädchens 3. März)
Mimosen:	allein; gefüllte gelbe Tulpen, Osterglocken, Kiefern, Azaleen, Kamelienblüte, Anemonen, dunkle Freesien, Azaleen, Iris
Osterglocken:	allein klassisch verarbeitet oder mit Mimosen, Traubenhyazinthen
Tulpen:	allein, in höherer Schale 3 Stück klassisch arrangiert, in 2 Schalen 5 Stück auseinandergezogen
Amaryllis:	Kiefer, einzelner Zweig, Rhododendron

132

Euphorbien:	Iris, Osterglocken, Freesien, Kiefern, weiße Lilien
Eukalyptus:	dunkelrote Tulpen, Rosen, Osterglocken, Narzissen
italienischer Ginster:	buschartige Italiener-Nelken.

Arrangements im Februar

Weidenkätzchen:	Rosen, Alpenveilchen, Anemonen, Tulpen, Nelken, Osterglocken
Haselnuß:	Osterglocken, Tulpen, Narzissen, Anemonen, Primeltöpfchen
Birken:	Osterglocken, Tulpen, Narzissen, Anemonen, Freesien, Ranunkeln
Schwarzerle:	wie Birken
italienischer Ginster:	dunkelblaue Anemonen, Freesien, Iris, kleine Rosen, italienische Nelken, Alpenveilchen
Convilleen:	verästelter Zweig der Trauerweide, dunkelblaue Anemonen, auch lila Freesien
Kornelkirsche:	Osterglocken, Nelken, Tulpen, Anemonen, gefüllte Freesien
echter Jasmin:	Christrosen, kleine getriebene Tulpen
Mimosen:	Anemonen, Iris, Osterglocken
Christrosen:	echter Jasmin, Flechtenzweige, bemooste Zweige
Alpenveilchen:	weißgestrichene Obstbaumzweige, Peddigrohr in den verschiedensten Formen, Grünlilie, Cyperngras
Reisstrohzweige:	Orchideen, Tulpen, Alpenveilchen
vorgetriebene Blütenzweige – Mandelbäumchen:	Anemonen (großblumig), Iris, Osterglocken, Narzissen, gelbe Tulpen
Forsythien:	Osterglocken, Tulpen, Anemonen, Iris
japanische Kirsche:	allein; Iris, Tulpen
Süßkirsche:	Tulpen (lustige Witwe), Rosen
japanische Quitte:	allein; dunkelblaue Anemonen, Freesien, Iris oder mit einer Lilienblüte
weiße Sternmagnolie:	allein oder mit Tulpen.

Arrangements im März

Birke und Hasel:	Osterglocken, Tulpen, Narzissen, Rosen, Freesien, italienische Nelken, gelbe Calla
Trauerweide:	gebogen mit Osterglocken, Narzissen, Freesien, Ranunkeln, Tazetten
Kastanie:	Tulpen, Amaryllis
Forsythien:	Iris, gelbe und rote Tulpen, Osterglocken
Rhododendron:	Nelken, Amaryllis, Lilien, Anthurien, Gerbera
Bänderweide:	Anthurien, Rosen, Gerbera, Strelitzien
Amaryllis:	Aspidistra-Blätter, Weidenkätzchen, einzelner kahler Zweig, Wurzeln, Borke, Kiefer, Kastanie
Osterglocken:	italienischer Ginster, Erle, Weidenkätzchen, Iris, Mimosen, Tulpen, Birke, Haselnuß
Mimosen:	Kiefern, Haselnuß, kahle Zweige, Erlen, Osterglocken, Narzissen, Veilchen, Iris, Schneeglöckchen und Primeln zum Landschaftsgesteck, Traubenhyazinthen, Himmelsschlüsselchen
Seidelbast:	Tulpen Ton in Ton, Anemonen, Freesien (lila und weiß), Spinnenchrysanthemen
weiße Birkenäste kahl, ohne Blätter:	Nelken, Osterglocken, Rosen, Feuerlilien, Iris.

Arrangements im April

Spiraea arguta:	Moosröschen, Rosen, Tulpen, Iris, Anemonen (rot), rote Gerbera, Hortensienblüten
Blutjohannisbeere:	Strahlenchrysanthemen, Narzissen, gelbe Tulpen oder Rosen, Nelken Ton in Ton, Hyazinthen weiß oder blau
Pfirsichblüten:	rosa Nelken oder Tulpen Ton in Ton bzw. weiß
japanische Quitte:	Sternnarzissen, Osterglocken, gelbe Tulpen, Iris
Felsenbirne:	Tulpen, Rosen, Osterglocken
Mandelbäumchen:	Osterglocken, Iris, gelbe Tulpen, Hortensienblüten
Ranunkelstrauch:	Iris, Anemonen, Goldlack, Tulpen
Mahonie:	Unterbau für Wurzelarbeiten, zu gelben Rosen oder Tulpen

134

Magnolie:	allein; rote Rosen zu hellen Magnolien
weiße Sternmagnolie:	allein; Tulpen, Rhododendronblätter
Lärche:	Gerbera, Tulpen, Narzissen, Freesien, rote und gelbe Rosen
Gerbera:	allein mit eigenen Blättern, zu Wurzeln, Kiefern, Reisstroh, Ginster, Lärche
Hortensien:	kurz nach dem Aufblühen, Amaryllis, Spiraea arguta, Wurzeln, Rinde, Stiefmütterchen
Ginster:	allein; Freesien, Osterglocken, Iris, Wildtulpen, Tulpen ‚Aladin‘, margeritenartige Chrysanthemen und Rosen (Tischgesteck)
Zierapfelblüten:	Tulpen, Rosen, Osterglocken, Narzissen
Apfelblüten:	Convilleen, Tulpen, Iris, rote Anemonen
Kirschzweige:	Convilleen, Tulpen, Iris, rote Anemonen, Rosen
Pflaumenzweige:	Convilleen, Tulpen, Iris, rote Anemonen, Rosen
Blutberberitze:	gelbe Rosen bzw. rosa-gelbe Tulpen, gelbe gefüllte Freesien
blühende Kastanien, entlaubt:	Tulpen
blühende Schlehen:	orange, rote, rosa und lachsfarbene Rosen, Gladiolen (kurz), Lilien, Anemonen
Landschaftsgestecke:	Primeln, Veilchen, Gartenazaleen, Stiefmütterchen, Schlüsselblumen, Vergißmeinnicht, Bellis, Allyssum
Stiefmütterchen:	Landschaft, Cotoneaster, Traubenhyazinthen, Grasnelke
Saxifraga = Steinbrech:	rosa Moosröschen, Tausendschön, Vergißmeinnicht
Tränendes Herz:	rosa Tulpen und Salomonssiegel = Polygonatum multiflorum, Vergißmeinnicht oder Stiefmütterchen, großblumige Bergkornblume.

Arrangements im Mai

Flieder:	allein; mit Funkienblättern, Rhododendronblüten, Levkojen, Nelken, Schwertlilien, Wurzeln, weißer Flieder und rote Rosen
Kolkwitzie:	allein; Nelken Ton in Ton, Levkojen, Abdeckung Enzian
Potentilla:	gelbe Rosen, Iris (Prof. Blaw), Levkojen
Schneeball:	Rhododendron, kurz mit Blüte, Astern, Gerbera, Geranienblüten
Deutzia:	rosa Rosen, Enzian
Weißdorn (Rotdorn):	entlauben, Iris, gelbe Rosen, weiße Lilien, Pfingstrosen, weißer Flieder, gefüllte weiße Freesien
Ginster:	allein; Rosen, Nelken, margeritenartige Chrysanthemen, Tulpen
japanische Quitte:	Rosen, Chrysanthemen, Nelken, Lilien
Berberitze:	in verschiedenen Arten, besonders schön: Berberitze verruculosa, gelbe Rosen, gelbe Tulpen
Tamariske:	gelbe Tulpen, gelbe und rosa Rosen, rosa Nelken
Clematis:	allein im Mondgefäß, Wurzeln, Rinde
Rhododendron:	allein; weißer Flieder, Wurzeln, Anthurien, Amaryllis
Pfingstrosen:	allein schwimmend; Tamariske, Spiraea, Wurzeln
Azaleen:	Landschaft mit Wurzeln und Rinde
Sommer-Jasmin:	Rosen, Amaryllis, Pfingstrosen, Gerbera
Goldregen:	Geranien, Levkojen, Tulpen (rot)
Topf-Hibiskus:	allein in schönem Gefäß
Kastanie:	Tulpen oder Amaryllis
Enzian:	Rosen, Maiglöckchen, Weigelia
Tränendes Herz:	Margeriten, Iris, weiße Lilien, Tulpen
Maiglöckchen:	Cotoneaster, Vergißmeinnicht, Moosröschen, Enzian, Tausendschön
Akelei:	Ast mit hellem Laub, Gräser, Cotoneaster, Vergißmeinnicht
Wicken (getriebene):	allein; rosa Rosen und lila Wicken, Blätter der Grünlilie, rote Rosen und weiße Wicken, Kiefer, Efeuranken, junge Blätter der Hainbuche

136

Schwertlilien:	allein; Binsen, Rohrkolben, Azaleen, Pfingstrosen
Gerbera:	Blutbuche, Blutpflaume, Acer palmatum japonicum in rot oder grün, je nach Farbe der Gerbera, Lärche, Kiefer, besonders Pinus mugo mughus, Weymouthskiefer, japan. Schirmtanne = Sciadopitys verticillata, Goldeibe, blaue Atlaszeder
Ixien rosa, rot:	Gräser z. B. wilder Hafer und Fruchtstände der Küchenschelle = Anemone pulsatilla
Ixien gelb:	Brodiaea und gelbe Rosen
Weigelia:	Enzian, Schwertlilie, Tulpen, Pfingstrosen, großblumige Bergkornblume
Allium:	allein; Neuseelandflachs, Schneeballzweige, gelbe Rosen, Pfingstrosen, Trollblumen. Bei modernen Anordnungen werden die gekürzten Stiele ebenfalls mitverwendet.
Lupinen:	Rosen, Pfingstrosen, Nelken, gelbe Schwertlilien, Blutbuche, Blutpflaume, rotblättriger Ahorn, Wurzeln.

Arrangements im Juni

Holunderblüten:	Rittersporn, Staudenastern
Sommer-Jasmin:	Trollblumen, Mohn, Pfingstrosen, Bartnelken
Weigelie:	Pfingstrosen, Nelken, Convilleen, Iris weiß und blau, Schwertlilien, Skabiosen, Rosen
Mohn:	allein; Malven, Wurzeln (schwarz angestrichen), Jasmin, Gräser in einem Tuff, Geißbart, Eisenhut, Rittersporn, Nachtkerze
Geißbart:	Malven, Iris, Rosen, Nelken, Lilien, Rittersporn, Skabiosen
Astilben:	Rosen, Skabiosen, Bartnelken
Bartnelken:	Gräser, Astilben, Ähren, Campanula, Liatris
Kalanchoe:	allein auf Spiegel; gelbe Nelken
Rhododendron:	allein, modern, Wurzel, langer Korkenzieherhaselzweig
Rhabarberblätter, kleine, Rhabarberblüten:	Pfingstrosen, Anthurien, Margeriten, Rittersporn

Sauerampfer:	Gräsergesteck mit Margeriten, Ringelblumen (Calendula)
Akelei:	Cotoneaster, Rosen, Gräser, Astilben, Grasnelken in verschiedenen Farben und Akeleilaub, Pfingstrosen, Hortensien
Goldregen:	Geranien, Iris, Mohn
Weißdorn bzw. Rotdorn:	siehe Mai
Wicken:	siehe Mai, Malus (Zierapfel), Schleierkraut
Deutzia:	Rosen, Grasnelke, Astern, Margeriten
Rosen:	Rittersporn, Weigelie, Geißbart, Astilben, Zierlauch, Ähren, wilder Hafer, Edelweißmargeriten, Kümmel-Dill-Fruchtstände, Binsen, Cotoneaster, Schwertlilien, Farnwedel, Purpurglöckchen, Skabiosen, Berberitze (Berberis thunbergii), Deutzie, Schneeball, Schleierkraut, Clematis, Akelei
Gloriosa:	Wurzel, Drehhasel, Crotonblätter, Zyperngras
Ranunkelstrauch:	Schwertlilien, Margeriten, Goldlack, Campanula
Rittersporn:	Geranien, Phlox, Pfingstrosen, Mohn, Löwenmäulchen, Schafgarbe = Achillea, Margeriten, Ringelblume, Hortensie, Sonnenhut (Rudbeckie), Schöngesicht, Rodgersia (weiße Dolden)
Lupinen:	Rosen, Cosmea, Hahnenkamm (Celosia), Edelweißmargeriten, Staudengloxinie, Pfingstrosen, Feuerlilien, Mohn (Papaver orientale)
Allium:	siehe Mai

Arrangements im Juli

Buddleia (Sommerflieder):	Hortensien, Edelweißmargeriten, Schafgarbe weiß und gelb
Hartriegel (Cornus):	Ringelblume, Gerbera, Cosmeen, Zinnien
Potentilla:	nur Blütenzweige allein, Iris
(Fünffingerstrauch):	Bootsarrangements, Mondgesteck, Miscanthus
Akazien:	Chrysanthemen, Dahlien, Hortensien, Gerbera, Nelken, Löwenmäulchen
Knöterichblüten rosa:	Rosen, Iris, Campanula
Schneeball:	Phlox, Allium, Rosen
Gladiolen:	als Tischgesteck mit Ahorn (Acer japonicum) auseinandergezogener Stil mit eigenen Blättern,
Mignon-Dahlien:	Geißbart, Goldraute, Schleierkraut, Funkienblätter, Bergenienblätter
Fackellilie (Kniphofia):	Rohrkolben, Schilfgräser, Staudenkornblume
Berberitze:	gelbe Rosen, Nelken
Liatris (Prachtscharte):	Nelken, Kokardenblumen, Rosen, kleine Sonnenblumen, bunte Margeriten, Zwergdahlien, gelbe Rosen, Mädchenauge, Schafgarbe, Astilben
Skabiosen:	Schafgarbe (Achillea), Gräser, Vallota und Gräser, Godetien, Disteln
Godetien:	Clematis, Disteln, Skabiosen, Löwenmäulchen
Lindenblütenzweige (entlaubt):	Hortensien, Dahlien, Feuerlilien
Lupinen:	Hortensien, Dahlien, Tagetes
Gräser:	Kokardenblume, Löwenmäulchen, Margeriten
Agapanthus (Liebesblume):	Rosen, Cosmea Nelken, Lilien, Gräser, weiße Margeriten
Johannisbeerzweige mit Früchten:	weiße Lilien, weiße Chrysanthemen, kleine Dahlien, Margeriten
Perückenstrauch (Cotinus):	Nelken, Rosen, Zinnien, Astern, Chrysanthemen
Kugeldistel (Echinops):	rosa Rosen, Sonnenblume (Helianthus), Berufskraut (Erigeron), Sommerastern, Nelken
Wicken:	siehe Mai
Glockenblumen:	Rosen, Margeriten, Cosmeen, Schafgarbe.

Arrangements im August

Buddleia:	gelbe Schwertlilien, rosa Clematis, gelbe Gladiolen, gelbe Rosen, Chrysanthemen, Dahlien, Astern, Zinnien
Rittersporn:	Sonnenblumen, gefüllte und ungefüllte, Zinnien, Cosmeen, Margeriten, Edelweißmargeriten, rosa Astern, Chrysanthemen, Prachtlilie (Lilium speciosum), weiße Königslilie (Lilium regale), Tigerlilie (Lilium tigrinum), Feuerlilie, Rodgersia (weiße Dolden), Staudenkornblume, Palmlilie (Yuca), Rosen, Pampasgras, Hortensien
Fackellilie (Kniphofia):	Iris, Chrysanthemen, Dahlien, Zinnien, Astern, Staudenkornblume, blaue Dolden-Campanula
Rohrkolben:	Inkalilien, Fackellilien, Iris, Chrysanthemen, Feuerlilien, Sonnenblumen
Sanddorn ohne Früchte:	Iris, Fackellilien, Sonnenblume, Artischocken
Ahorn (rot, grün):	Hortensien, Lindenblüten, Rosen, Chrysanthemen, Staudenkornblumen
Phlox:	Margeriten, Schleierkraut, Rittersporn, Pampasgras
Malven:	Margeriten, Wurzeln, Cleome
Prachtscharte (Liatris):	Margeriten, Akelei, Bartnelken, Achillea, Nelken, Spiraea, Feuerlilien, Tigerlilien, Rosen, Staudenkornblumen
Schafgarbe (Achillea):	Rohrkolben, Wiesengräser, Skabiosen
Feuerlilien:	Rohrkolben, Rittersporn
Nelken:	Farn, Skabiosen, Campanula, Rittersporn, Iris, Lupinen, Eisenhut
Wicken:	Farn, Asparagus, Grünlilie, Efeu, rosa Rosen
Lupinen:	Margeriten, Rosen, Nelken, Phlox
Wiesengräser:	Margeriten, Campanula, Rosen, Islandmohn, Agapanthus
Margeriten:	Gräser, Allium, Anemonen, Rosen, Rittersporn, Lupinen, Eisenhut, Kornblumen, Campanula
Fingerhut:	Farn, Wurzeln, Kiefer
Astilben:	Rosen, Cosmeen, Islandmohn (Papaver rhoeas)

Clematis:	Moosrosen, Wurzeln, Stein, Geißbart
Löwenmäulchen:	Malerblume (Gaillardia), Strahlenastern, Skabiosen rot oder blau, Kalifornischer Mohn (Escholtzia), Mittagsgold (Gazanien), Farn, Sonnenhut (Rudbeckia)
Rudbeckia:	Rohrkolben, Rittersporn, Liatris, Glockenblume
Eisenhut:	Rosen, Cosmeen, Edelweißmargeriten, Staudengloxinien, Pfingstrosen, Mohn, Goldlack.

Arrangements im September

Schneebeeren:	Rosen, Astern, Zinnien, Ringelblumen, Nelken, Vallota
Hagebutten:	Sonnenblumen, Ringelblumen, Sommerhyazinthen, Dahlien, Zinnien
Feuerdorn:	Sonnenblumen, Iris; Chrysanthemen, Lilien
Sanddorn ohne Früchte:	Sonnenblumen, Iris, Artischocken
Schlehen:	Sonnenblumen, Gladiolen, Rosen, Zinnien, Reseda
Eberesche:	Sonnenblumen, Iris
Feuerstachelrose (Rosa omeiensis):	Zweige, entlaubt zu Rosen und Lilien, Protea
Cotoneaster:	Sonnenblumen, Rosen, Nelken, Zinnien
Mahonie:	Skabiosen, Chrysanthemen
Preiselbeeren:	Ringelblumen, Rosen
Berberitze:	Rosen, Nelken
Lampenputzergras (Pennisetum):	Tigerlilie, Nerinen, Rosen, Iris, Cosmeen, Indianernessel
Weintrauben:	Anemonen, Ähren, Löwenmäulchen, Pennisetum, Eisenhut, Rittersporn, Strohblumen
Mais:	Rohrkolben, Lampionblume, Zierkürbis, Zierpaprika
Erika gracilis:	Geißblatt, Ringelblume, lila Chrysanthemen, Ton in Ton
Artischocken:	Sanddorn, Fackellilie, Staudenkornblume
Vallota:	Iris, Lilie, Schneebeeren, Schilfgräser, Goldrute
Phlox:	kleine Sonnenblumen, Eisenhut, Rittersporn

Schilfgräser:	Astern, Zinnien, Dahlien, Rudbeckia, Löwenmäulchen
Tamariske:	Nelken, Rosen, Gerbera, Cosmeen, Ringelblumen
Skabiosen:	Nelken, Liatris, Pennisetum
Goldrute:	lila Astern, Dahlien, Zinnien, Sonnenblumen, Vallota, Löwenmäulchen
Glycinien-Ranken (Wisteria) ohne Blüten:	Chrysanthemen
Wilder Kümmel:	Strohblumen, Astern
Montbretien:	Wurzeln, Gräser, Astern in lila, Permisetum
Tigerblume:	Tamariske, Pennisetum, Mahonie
Palma Christi:	Sonnenblumen, Chrysanthemen
Cannablüten (indisches Blumenrohr):	Rittersporn, eigene Blätter, schwimmend anordnen
Euonymus alatus Pfaffenhütchen (Spindelbaum):	Rosen, Zinnien, Astern, Ringelblumen
Strohblumen:	mit Gräsern, Pennisetum, Statice, Besenheide (Calluna)
Besenheide:	Dahlien, Astern, Zinnien, Chrysanthemen, Geranien, Skabiosen, Berufskraut (Erigeron).

Arrangements im Oktober

Laubzweige:	Chrysanthemen, Sonnenblumen, Dahlien, Astern, Zinnien
kahle Lärchenzweige mit Zapfen:	eventuell bemoost, Gerbera, Rosen, Strahlenchrysanthemen, Nelken (Gartennelken), Strohblumen
Zedernzweige:	Gerbera, Rosen, kleinblumige Chrysanthemen, Alpenveilchen, Nelken
Kiefer:	Nelken, Lilien, Rosen, Chrysanthemen
Gräser:	Rosen, Alpenveilchen, Gerbera, Freesien, Löwenmäulchen
Topffarnwedel:	Rosen, Wurzeln, Chrysanthemen
Birkenstämme:	Freilandfarn, Nelken, Vogelbeeren, Hagebutten
Sansevieria:	Anthurien, Strelitzien, Amaryllis, Gerbera

Cornuszweige rot unbelaubt:	Nelken, Chrysanthemen, Pfaffenhütchen, Strahlenchrysanthemen, Spiegelei-Chrysanthemen, Calla
Liguster, kahl mit schwarzen Beeren:	rosa Nelken, rosa Chrysanthemen, Spiegelei-Chrysanthemen
Erika:	Chrysanthemen, Freesien, gelbe Nelken
Hagebutten:	gelbe Chrysanthemen, lila Herbstastern, Goldrute, Sonnenblumen, Dahlien, Zinnien
Knallerbsen (Schneebeeren):	zartrosa Nelken, Enzian, Anemonen, Calla
Feuerdorn:	Chrysanthemen, Iris, Sonnenblumen, Spiegelei-Chrysanthemen, Artischocken
Mahonie:	Nelken, Anthurien, Chrysanthemen, Protea
Ilex (Stechpalme):	Lilien, Chrysanthemen, Anthurien
Fruchtstände des Essigbaumes:	gelbe, rosa, rostfarbige Chrysanthemen, rosa Nelken
Euphorbienzweige:	Iris, Chrysanthemen, gelbe Nelken, große, gefüllte Freesien, Lilien
Callicarpa (lila Beeren):	Chrysanthemen, gelbe Nelken, rosa Rosen, Calla, Artischocken, Winterastern
Ginsterzweige:	Rosen, Nelken, Gerbera, Anemonen, Freesien, Lilien, Mimosen, Zinnien
Goldrute:	lila Herbstastern, Zierapfel
Fuchsschwanz:	gelbe Lilien, gelbe Gladiolen, Rosen
Zierapfel:	Chrysanthemen, Iris, Sonnenblumen, Dahlien, Zinnien, Nelken
Sanddorn:	Artischocken, Iris, Chrysanthemen, Strelitzien, lila Astern, Prothea
Rhododendron:	Prothea, Anthurien, Chrysanthemen, Gerbera, Wurzeln
Erlenzweige, entlaubt, mit Kätzchen:	Chrysanthemen, Gerbera, Dahlien, Alpenveilchen, Strohblumen, Lilien
Alpenveilchen:	Peddigrohr, Birke, Grünlilie, Erlenzweige mit Kätzchen
Pampasgras:	Iris, Gerbera mit Blättern, Gladiolen, Rosen
Gladiolen:	als Tischgesteck
Cotoneaster:	Chrysanthemen, Nelken, aufgesteckte jap. Quitten, Lilien, Tagetes, orangefarbige Gladiolen
Rohrkolben:	Binsen, Calla, Iris, weiße Lilien, Spiegelei-Chrysanthemen, Mais, Ziergräser, Feuerlilien.

Arrangements im November

Binsen:	Gerbera, Rosen, Astern, Iris, Lilien, Calla
Blutbuchenzweige (präpar):	Chrysanthemen, Dahlien, Sonnenblumen, Astern, Gladiolen
Lärchenzweige (mit Zapfen):	Gerbera, Rosen, Chrysanthemen, Poinsettien, Alpenveilchen, Nelken
Kiefer (Weymouths- und Latschenkiefer):	Nelken, Lilien, Rosen, Poinsettien
Gräser:	Rosen, Nerinen, Anemonen, Freesien, ital. Nelken, Gerbera
Topffarnwedel:	Rosen, Freesien, Mimosen, Wurzeln, Chrysanthemen, Nelken, Anemonen
Sansevieria:	Anthurien, Strelitzien, Amaryllis, Prothea
Weidenkätzchen:	Rosen, Anemonen, Nelken, Freesien, Poinsettien, Paprika, Bänderweide
Paprika:	Chrysanthemen, Sonnenblumenfruchtstände, Maiskolben
Cornuszweige rot oder gelb:	Nelken, Chrysanthemen, gelbe Rosen, Prachtlilien
Pfaffenhütchen:	Chrysanthemen, Anemonen, Astern
Liguster (immergrün):	rosa Chrysanthemen, Nelken, Strahlenchrysanthemen, weiße Lilien, Astern
Hagebutten:	Chrysanthemen, gelbe Rosen, Sonnenblumen, gelbe Gerbera, Dahlien
Knallerbsen (Schneebeeren):	zartrosa Rosen, Anemonen, Nelken
Feuerdorn:	Chrysanthemen, Iris, Sonnenblumen, Spiegelei-Chrysanthemen
Zierapfel, Sanddorn:	Artischocken
Kirschlorbeer, Mahonie:	rosa Nelken, Anthurien, rostfarbige Winterastern, Prothea
Callicarpa:	rosa Chrysanthemen, Nelken, Calla, lila Winterastern
Ginsterzweige:	Rosen, Nelken, Gerbera, gelbe Chrysanthemen
Pampasgras:	Iris, rote Gerbera mit Blättern, rote Rosen, Gladiolen
Erlenzweige:	Nelken, Chrysanthemen, Rosen, Alpenveilchen
Lampionblumen:	Rohrkolben, Maiskolben, Artischocken, Judasschilling

Alpenveilchen:	Birkenrinde, Grünlilie, Peddigrohr, Erlenzweige
aufgesteckte jap.	
Quitten auf Schlehen:	Lilien, orangefarbige Gladiolen, Prothea
Orchideen:	Wurzeln, Drehweide, Bänderweide, Efeuranken, Crotonblätter, Zyperngras.

Arrangements im Dezember

Poinsettie:	Kiefer (Seidenkiefer, Latschenkiefer), Wurzeln, Rebwurzeln, Dornenranken (Rosa omeiensis), Brombeerranken, weiß angestrichene Zweige (Schneesymbol), Apfel, Birne, Schlehe, Ilex natur oder vergoldet
Amaryllis:	Rhododendron, Wurzel, Weidenkätzchen geschlossen oder offen, Trauerweide, Blutbuche, Kiefer, Drehweide, Korkenzieherhasel, rote Cornus-Zweige, Bänderweide
Alpenveilchen:	Grünlilie, Peddigrohr, weiß angestrichene Zweige, Christrosen, Flechtenzweige, Farnwedel
Kiefer:	Rosen, Nelken, Chrysanthemen, mit Zapfen besetzte Lärchenzweige, Poinsettien, Disteln, Mimosen, Wurzeln, Tulpen
Schlehenzweige:	schwarz oder weiß angestrichen bzw. natur, Rosen, Gerbera, Christrosen
Rhododendronzweige:	Nelken, Rosen, Amaryllis, lila Chrysanthemen, Strelitzien, Anthurien, Prothea, Tulpen
Euphorbien:	weiße Lilien, Freesien, Iris (Prof. Blaw)
Mistelzweige:	Poinsettien, Christrosen, Alpenveilchen, Weihnachtsgestecke
Eibe (Taxus baccata):	Amaryllis, Chrysanthemen, Wurzeln, Poinsettien, Mimosen, Nelken, Gerbera, Rosen
Strelitzien:	mit eigenen Blättern, Wurzeln bzw. Baumrinde, Reisstroh, Callicarpa, Bänderweide, Cornus gelb
Weidenkätzchen:	Rosen, Nelken, Kamelien, Alpenveilchen, Amaryllis, Tulpen
Orchideen: (Dendrobien) (Cattleyen) (Phalaenopsis)	Flechtenzweige, Schneezweige, Gräser, Lotosfruchtstände, zu Baumwollkapseln, Rinde, Wurzeln, Rebwurzeln, gefüllte weiße Freesien, weißes Reisstroh, grüner Ginster.

X. Symbolik der IKEBANA-Sprichwörter

Obwohl die meisten IKEBANA des heutigen modernen Japans frei von symbolischen Bedeutungen sind, finden wir bei traditionsgebundenen Fest- und Feiertagen doch noch eine ganze Reihe von IKEBANA-Kompositionen, die nicht nur die Liebe des japanischen Volkes zur Natur ausdrücken, sondern auch einen tief innerlichen Wert haben, der auf symbolischen Vorstellungen beruht. Ein Neujahrsfest ohne Kiefer, Bambus und Zierkirsche ist für viele Japaner auch heute noch undenkbar.

„Wacht auf, ihr Herzen und öffnet euch den guten Wünschen, die diese Dreiheit bringt!" sagt ein japanisches Sprichwort.

Die Kiefer spricht: „Möge euer Glück so beständig sein, wie das Grün meines Mantels, und mögen eure Freunde so zu euch stehen, wie ich dastehe, beständig gegen alle widrigen Stürme der Welt."

Der Bambus sagt: „Euer Leben sei dauerhaft wie das meinige. Möge das Dasein euch Freude in Überfülle gewähren."

Die Zierkirsche wünscht: „Mögen euch Hoffnungen erstehen, frisch und kraftvoll wie die jungen Schößlinge, die aus meinem knorrigen Stamm treiben. Möge euer Leben in Lieblichkeit erblühen."

Und so verkündigen die drei Gefährten cho-chiku-bai ein neuerstandenes Jahr in Kraft, Fülle und Schönheit.

In Anlehnung an dieses älteste Neujahrsgesteck werden auch mitunter nur Kiefern und Rosen bzw. Aprikosenblüten mit Rosen arrangiert. Von religiösem Glauben zeugen die Neujahrsgestecke, bei denen Kiefernzweige mit goldenen und silbernen, besonders gefalteten, nach altem Ritus verschlungenen Wunschzetteln behangen werden.

Ausgesprochen liebenswürdig zeigt sich die Blumensprache in den drei folgenden Beispielen, die wohl im Leben aller Menschen eine große Rolle spielen:

Fünf rote Rosen und Zweige der Edelberberitze bedeuten: „Ich liebe dich."

Eine weiße und eine rote Anthurie mit zwei Ästen einer Kiefer verkünden: „Ich bin wunschlos glücklich!"

Zur Versöhnung nach dem Ehekrach bügelt eine grün-rosa geflammte Anthurie, zusammen mit Sansevierienblättern, alles wieder glatt. Dieses Arrangement besagt nämlich: „Eine Blüte läßt das Unwetter vergessen".

„Hanami", das Blumenbeschauen, wird geschätzt bei jung und alt. Die Tage der Kirschblüte sind in diesem blumenfreundlichen Land seit Generationen zum Volksfest geworden. Sie verkörpern nicht nur ein nationales Wahrzeichen, sondern sollen neben Schönheit und Lieblichkeit dieses Blütenreichtums den Menschen an seine irdische Vergänglichkeit erinnern. Durch ihre schnell welkende Pracht vermitteln sie uns den Rat: „Wenn sich dein Leben nach strahlendem oder freudvollem Aufstieg dem Ende zuneigt, gib es fröhlich hin und füge dich leichten Herzens in den Willen der Götter."

Am 3. März wird der Tag des Mädchens gefeiert, der mit dem altjapanischen Brauch des Puppenfestes verbunden ist. In feierlichen Anordnungen sieht man an vielen öffentlichen Orten Puppen in Gestalt des Kaiserpaares und des ganzen Hofstaates stufenartig nach Rang und Namen aufgebaut.

In den gleichen Monat fällt auch das Fest der Pfirsich- und Mandelblüte. Um das Zarte und Mädchenhafte auszudrücken, werden blühende Zweige dieser Bäume mit gelben Osterglocken oder Tulpen zusammengesteckt.

Der 5. Mai ist den Knaben gewidmet. Jede Familie, die ein, zwei oder mehrere Söhne hat, gibt dies voller Stolz kund, indem sie die entsprechende Anzahl bunter Stoffkarpfen flaggt.

Die symbolischen Gestecke für diesen Tag werden mit blauen Iris gebildet. Sie versinnbildlichen Vaterlandsliebe und Mut. Die länglichen Blätter dieser Blumen erinnern an ein Schwert, und der lange gerade Schaft soll den gradlinigen Charakter darstellen.

Für festliche Anlässe, wie Hochzeiten, wird die Verwendung von Blumen, deren Blütenblätter schnell abfallen, wie die in Japan sehr beliebten Kamelien- oder Kirschblüten, vermieden, denn sie symbolisieren ein plötzliches, unerwartetes Ende. Da die Zahlen 4 und 6 in der japanischen Sprache unliebsame Bedeutung, wie Tod, Nutzlosigkeit und Vergänglichkeit haben, meidet man sie generell in jeder japanischen Blumenanordnung.

Lotosblüten sind dem Buddha geweihte Blumen und werden für irdische Feste nicht benutzt. Chrysanthemen, Pfingstrosen, Orchideen oder Rosen in Verbindung mit Kiefern oder Aprikosenblütenzweigen finden hingegen oft Verwendung.

Viele Länder haben ihre Nationalblume und eine eigene, der Geschichte und Volksmentalität entsprechende Symbolik für verschiedene Blumen. Es hat wohl kein Volk eine so ausgeprägte Blumensprache wie das japanische. Deshalb möchte ich Ihnen auf den folgenden Seiten die Bedeutung einiger Blumen und Pflanzen aufzählen, jedoch braucht diese für Ihre täglichen Arrangements nicht berücksichtigt zu werden.

Auf den letzten Seiten finden Sie noch einige besonders schöne, zu IKEBANA passende Kurzgedichte, „Haikos", genannt, die durch Schönheit und Zauber die Blumenwelt widerspiegeln.

Sag es mit Blumen –
Was wir mit Blumen ausdrücken können

Agapanthus (Agapanthus)	Liebesblume, wird auch die Prinzenblume genannt
Ahorn (Acer)	Nettigkeit, Artigkeit
Akazie (falsche) weiße Blüten	Freundschaft, Eleganz, Noblesse
Robina pseudacacia	heimliche Liebe
Akelei (Aquilegia)	Unbeständigkeit
Amaryllis (Hippeastrum)	Anziehung, Reiz
hellfarbene Blüten	hinreißende Schönheit
dunkelfarbene Blüten	Plaudereien
Anemone (Anemone)	Aufrichtigkeit, Lauterkeit
rote Blüte	ich liebe dich
gelbe Blüte	Einsamkeit
purpurne Blüte	Glaube, Zuversicht
Apfelblüte (Malus)	Gerechtigkeit, Genauigkeit
Aprikosenblüte (Prunus armeniaca)	Zweifel, Mißtrauen
Aster (Callistephus)	gefühlvolle Erinnerung
Azalee (Rhododendron)	Ausgeglichenheit, Ausgewogenheit
gelbe Blüte	erste Liebe
orange, rote Blüte	Freude an der Liebe
Binse (Junca cea)	Einsamkeit
Blutpflaume (Prunus pissardi)	unvergängliche Jugend
Chrysantheme (Chrysanthemum)	vornehme Einfachheit
weiße Blüte	treue Ehefrau
gelbe Blüte	ich liebe dich
bronzefarbene Blüte	glaube mir
Clematis (Clematis)	gütige Liebe
rosa-weiße Blüte	dankbare Erwiderung
purpurfarbene Blüte	in Ewigkeit unverändert
dunkelblaue Blüte	
Dahlie (Dahlia)	Dankbarkeit
weiße Blüte	Dankbarkeit gegenüber den Eltern
rote Blüten	du machst mich glücklich
bunte Blüten	ich denke unaufhörlich an dich
Efeu (Hedera helix)	Freundschaft, Heirat
Eisenhut (Aconitum)	Feindschaft
Flieder (Syringa vulgaris)	erste Liebe, Freundschaft
Forsythie (Forsythia)	Ergebenheit, man nennt sie auch: Flügel des Vogels

Freesie (Freesia)	Unschuld
Gänseblümchen (Bellis)	Unschuld, zärtliche Erinnerung
Gartenfuchsschwanz (Amaranthus caudatus)	Affektiertheit
Gerbera (Gerbera)	Traurigkeit
Ginster (Cytisus)	Sauberkeit, Nettigkeit
Gladiole (Gladiolus)	Geheimnis
Glyzine (Wisteria)	Willkommen
Hartriegel (Cornus)	Beständigkeit
Hortensie (Hydrangea)	Eitelkeit
weiße Blüten auch	der Wanderer
Iris (Iris hollandica)	Redlichkeit, Mut. Blume des Tags der Jungen in Japan
Kamelie (Camellia japonica)	Stolz
rote Blüte	der erhebende Gedanke
rosa Blüte	ideale Liebe
Kiefer	glückliches langes Leben. Sie zählt
(Pinus sylvestris)	in Japan zu den drei Freunden des
(Pinus strobus)	Winters (neben Bambus und Pflau-
(Pinus mugo)	me), die zum Neujahrsfest eine große
(Pinus parviflora)	Rolle spielen.
Kirschblüte (japan. Blütenkirsche	Vornehmheit
Prunus serrulata)	Die Kirschblüte ist eine Art Natio-
Süßkirsche (Prunus avium)	nalblume des japanischen Volkes
Sauerkirsche (Prunus cerasifera)	
Kosmea (Cosmea)	reine Liebe einer Jungfrau
weiße Blüte	Reinheit, Schönheit
rosa, rote Blüte	warmes Herz
Kürbis (Cucurbita)	Geheimnis, Zauber
Levkoje (Matthiola)	ewige Schönheit
Lilie (Lilium)	Reinheit, Demut
Lotosblüte (Nelumbo nucifera)	Reinheit, Glaube
Löwenmäulchen (Antirrhinum)	Arroganz, Hochmut
	Der Japaner nennt sie auch die Goldfischblume
Lupine (Lupinus)	Geiz, Habsucht
Magnolie (Magnolia soulangeana)	wahre Liebe
(Weiße Sternenmagnolie)	
(Magnolia stellata)	
Maiglöckchen (Convallaria)	Erwiderung des Glücks
Margerite (Chrysanthemum)	Gesundheit

Narzisse	unerwiderte Liebe
(Narcissus pseudonarcissus)	
(Narcissus poeticus)	
(Narcissus tazetta)	
Nelke (Dianthus)	
weiße Blüte	Leidenschaft
rote Blüte	Leben für die Liebe
gelbe Blüte	starke Leidenschaft
violette Blüte	ich glaube dir nicht
Phlox (Phlox)	Koketterie
Pfingstrose (Paeonia officinalis)	Schüchternheit
(Paeonia chinensis)	Die Chinesen betrachteten sie als Königin aller Blumen
Pfirsichblüte (Prunus persica)	Geistesverwandtschaft und: Du hast mein Herz gestohlen. In Japan Blüte für den Tag des Mädchens
Ringelblume (Calendula)	Trennung, zerbrochenes Herz
Rittersporn (Delphinium)	verlockende Schönheit
Rhododendron (Rhododendron)	brüderliche Liebe, Hinneigung
Rose (Rosa)	Schönheit und Liebe
weiße Blüte	Hochachtung und Liebe
gelbe Blüte	Eifersucht
rosa Blüte	schönes Mädchen
tiefrosa Blüte	Schüchternheit
vollgefüllte rote Blüte	Harmonie
blaßrosa Blüte	für ein ganzes Leben versprochen
weiße Knospen	Zärtlichkeit
rote Knospen	stille Hoffnung
Schleierkraut (Gypsophila)	reines Herz
Seerose (Nymphaea)	Reinheit des Herzens
Sonnenblume (Helianthus)	Ansehen. Die Japaner nennen sie auch die Blume, die sich mit der Sonne dreht
Stiefmütterchen (viola wittrockiana)	Freundschaft, denk an mich
weiße Blüte	Eleganz, Leichtigkeit
purpurne Blüte	Treue, Redlichkeit
gelbe Blüte	kleines Glück
Spiraea (spiraea)	Sieg. Die Japaner nennen sie auch schneebedeckte Weide

Tulpe (tulipa)	Güte, Nachsicht
weiße Blüte auch	verlorene Liebe
gelbe Blüte	hoffnungslose Liebe
rosa Blüte, rote Blüte	Geständnis der Liebe
purpurne Blüte	unsterbliche Liebe
mehrfarbene Blüten	schöne Augen
Vergißmeinnicht (Myosotis)	wahre Liebe
Weihnachtsstern	Freude
(euphorbia pulcherrima)	
(poinsettia)	
Weißdorn (Prunus oxyacantha)	Warten auf Erfolg
Wicke (Lathyrus)	zarte Erinnerung
Japan. Zierquitte (Chaenomeles japonica)	Mittelmäßigkeit. Blüht in Japan fast zu jeder Jahreszeit

XI. Bedeutung der gebräuchlichsten Ausdrücke im IKEBANA

BANA	Blume.
BONKEI	Miniaturlandschaft auf einem Brett aufgebaut.
BONSAI	Nadel- und Laubbäume durch gärtnerische Kunst in zwerghaftem Zustand gehalten.
BONSEKI	Eine aus Sand und Steinen aufgebaute Landschaft auf gelacktem Tablett.
CHABANA	Einzeln und schlicht angeordnete Blumen bei der Teezeremonie.
CHI	Die Erde oder das Negative.
CHUSHO-BANA	Abstraktes IKEBANA.
DAI	Bambusunterlage für die Schale und Vase.
FURYU	Vollkommenes u. Unvollkommenes in Harmonie bringen.
FYO-DO-IKE	Der freie Raum, der Weg der Fische, in der auseinandergezogenen Form der Variation V.
HAIKU	Siebzehnsilbiges japanisches Kurzgedicht.
HANA	Blume.
HANAMI	Das Betrachten der Blumen.
HASAMI	Schere.
HIKAE	Hauptlinie „Erde".
IKERU	Lebendig stecken.
ISSHIKI IKE	Ton-in-Ton-Arrangement.
JIN	Der Mensch.
JIYUBANA	Freier Stil des IKEBANA.
JUSHI	Beigeordnete Linien, bestehend aus Blumen, Zweigen und Blättern.
KABAN	Lackiertes Blumentischchen.
KA-DO	Blumenweg (auch Blumenstecken), Harmonie durch Blumen.
KAKEBANA	IKEBANA-Wandgestecke.
KAKE-ITA	Schmales Wandbord für Arrangements.
KAREMONO	Trockenmaterial.
KAKEMONO	Hängende Schriftrolle.
KENZAN	Blumenhalter (Igel), bestehend aus einer Blei-Silamon-Platte mit dicht genadelten vierkantigen Messingstiften.
KENZAN-NAOSHI	Kleines Werkzeug zum Reinigen und Aufrichten der Kenzanstifte.
KUBARI	Als Blumenhalter benützte Stütze, eingeschlitzter Zweig (Ikenobo-Schule).

KUSAMONO	Grasmaterial.
MAZU-AGA	Schließt alle Techniken des Frischhaltens von geschnittenen Blumen ein.
MI-MONO	Pflanzen mit Beerenfrüchten.
MIZUGIRI	Das Anschneiden der Pflanzen und Blumen unter Wasser.
MONO	Pflanze.
MORIBANA	Stil des Arrangierens von Miniaturlandschaften in der flachen Schale.
MORIMONO	Arrangement mit Früchten ohne Blumen oder auch in Verbindung mit Blumen.
NANA-KUSA	Die sieben Gräser oder Kräuter des Herbstes.
NAGEIRE	Stil des Arrangierens von locker angeordneten Blumen und Zweigen in hohen Vasen oder Gefäßen.
NAMAMONO	Frische Blumen und Pflanzen.
NIJUGIRI	Doppelfenster-Behälter aus Bambusrohr.
OKOSHI	Nadelaufrichter für den Kenzan.
SENDENSHO	Frühestes historisches Dokument über IKEBANA.
SHIKIBANA	IKEBANA-Trockengesteck.
SHIN	Hauptlinie „Himmel“.
SHINOHANA	Blumenopfer zu Ehren Buddhas.
SHIPPO	Wabenartiger Bleihalter, mit dem die Blumen in ihrer Stellung gehalten werden, wird besonders in der O'Haraschule verwendet.
SHOHINBANA	Mini-Arrangement.
SHOKA	Stil der drei Linien (Ten, Chi, Jin).
SOE	Hauptlinie „Mensch“.
SURIKU-IKE	Land- und Wasser-Arrangement.
SUIBAN	Großes, langes und flaches IKEBANA-Gefäß.
TANABATA	Sternenfest, wird immer am 7. Tag des 7. Monats gefeiert.
TATAMI	Reisstrohmatte 80 x 100 cm, Bodenbelag im japan. Haus.
TEN	Der Himmel oder das Positive.
TOKONOMA	Wohnzimmernische zur Aufnahme des Rollbildes und des IKEBANA-Gestecks.
UKIBANA	Stil zur Herstellung von schwimmenden Arrangements.
USUBATA	Schwere Bronze-Gefäße zur Aufnahme der Rikka-Gestecke.
ZENEIBANA	Avantgardistischer Stil.
ZURIBANA	Stil der frei herabhängenden Arrangements.
ZURIZUKI	Hängendes Mondarrangement.

Freier Stil – Ostergesteck
Birkenzweig mit bunten Holzeiern, Osterglocken, Plattenmoos

XII. Das IKEBANA als beliebtes Mittel
der künstlerisch plastischen Wiedergabe oder
der Untermalung nachempfundener Werke alter oder
moderner Dichter

Freier Stil
Weidenkätzchen, Rosen Super Star, Blätter Euonymus

Freier Stil
Trauerweide und Convilleen

Was für ein Märchenbild!
Die Weide im Frühlingsmorgen!
Auf den seidenen Fäden ihrer Zweige
hat sie den rinnenden Tau
zu Perlenketten gereiht.

(Aus Gedicht: Im Frühling)
Dichter unbekannt

Freier Stil
Kiefernrinde, weiße Lilien, Kiefernzweig

Der Traum meines Lebens verdämmert.
Aber die wilden Lilien
blühen und leuchten wie immer.

(Aus Gedicht: Spätsommer)
Frau Shushiki

Freier Stil
Ausgehöhltes Baumstück, Kiefern und Chrysanthemen

Wenn sich die Kraniche an meinem Teich
aufrecken und mit den Flügeln schlagen,
durchweht mit einem Mal
der Duft der weißen Chrysanthemen
den ganzen Garten.

(Aus Gedicht: Im Herbst)
Mitsuhito

Freier Stil
Japanische Quitte – rote Azaleen

Ich hörte im Traum den Blütenzweig sagen:
„Freu dich an meiner Schönheit!
Und wenn ich niederwehe,
will ich in deinem Wein versinken,
daß ich ihm meinen Duft noch geben kann."

(Aus Gedicht: Traum)
Jamanos No Okura

Mondarrangement
Korkenzieherhasel und Lilien

Blumen habe ich gesehen, Früchte habe ich probiert
und die Nachtigall habe ich schlagen hören
bis sie verstummte.
Damit, lieber Freund, ist mir gewiß,
daß für diese oder auch für die nächste Welt
mein Leben nicht umsonst war.

Unbekannter alter chinesischer Meister

Literaturverzeichnis

Baumgardt, Brigitte	Ikebana, die Kunst der lebendigen Blüte, 2. Aufl., München 1972
Baumgardt, Brigitte	Ikebana – eine Kunst, München 1968
Carr, Rachel	Ikebana – Japanese Floral Art – Symbolism, Cult and Practice, New York – London – Toronto 1961
Davidson, Georgie	Ikebana, The Art of Japanese Flower Arrangement, London 1967
Davidson, Georgie	Mit Ikebana wohnen, München 1969
Herrigel, Gusty L.	Der Blumenweg, eine Einführung in den Geist der japanischen Kunst des Blumenstellens, 4. Aufl., München-Planegg 1970
Ishimoto, Tàtsue	Japanische Blumenkunst, München – Zürich 1967
Kasuya, Meikof	Introducing Ikebana, San Francisco – New York 1969
Kasuya, Meikof	Imaginativ Ikebana, San Francisco, New York 1970
Kawasaki, Mami	Ikebana Everlastings, San Francisco, New York 1969
Koehn, Alfred	The way of Japanese flower arrangement, Boston – Houghton 1934
Koehn, Alfred	Japanese Flower Symbolism, Peking 1937
Leppich, Editha	Ikebana Kunstlehrbuch, Köln 1971
Mochizuki, Hakusui	New Flower Arrangement, Tokyo 1964
Nishikawa, Issotei	Floral Art of Japan, Tokyo 1962
Ohchi – Palmer	Die Kunst des Blumenarrangements in Japan, 2. Aufl., Teufen AR 1961
Ohi – Teshigahara – Ohara – Ikenebo	The Best of Ikebana, Volume I, II, III a. IV, Tokyo 1962
Ohno, Noriko	Ikebana: Chat with Flowers, Osaka 1963
Ohno, Noriko	Creative Ikebana, Tokyo 1969
Oshikawa, Josui	Manual of Japanese Flower Arrangement, Tokyo 1963
Quinn, L. E.	Easy Magic of Japanese Flower Arrangement, Tokyo 1965
Ritchie – Weatherby	Ikebana, die japanische Blumenkunst, München – Basel – Wien 1968
Sato, Shozo	The Art of Arranging Flowers, New York 1965
Schaarschmidt-Richter, Irmtraut	Ikebana, japanische Blumenkunst, Frankfurt/Main 1962
Sparnon, Norman J.	Japanese Flower Arrangement, Classical and Modern, Tokyo 1965
Sparnon, Norman J.	A Guide to Japanese Flower Arrangement, Tokyo 1970
Teshigahara, Sofu	Sogetsu School, Tokyo 1962
Teshigahara, Sofu	Ikebana, Sogetsu Flower Arrangement for a Beginner, Tokyo 1962
Teshigahara, Sofu	Coloured Pictures of Representative Flower Arrangements, Tokyo 1965
Teshigahara, Wafu	Japanese Flower Arrangement, London – Sydney – Zürich – Tokyo 1970
Teshigahara, Kasumi	Space and Colour in Japanese Flower Arrangement, Tokyo – London 1965
Wood, Mary Cokely	Flower Arrangement – Art of Japan, Tokyo 1964

Ebenfalls bei Falken erschienen:

Eine Hitparade seiner schönsten Rezepte

Das praxisnahe Buchprogramm mit 1000 Tips für jedermann!

Falken Bücher

Verlagsverzeichnis in Kurzfassung
(Die Zahl vor dem Titel entspricht der Bestellnummer)

BRIEFSTELLER, GLÜCKWÜNSCHE UND REDEN

			DM
0060	**Der neue Briefsteller.** Von I. Wolter-Rosendorf, 112 Seiten	kart.	5,80
0231	**Musterbriefe für alle Gelegenheiten.** Herausgegeben von Olaf Fuhrmann unter Mitarbeit von H. Kirst und D. Kellermann, 248 Seiten	kart.	9,80
0114	**Privatbriefe — Behördenkorrespondenz.** Von I. Wolter-Rosendorf, 80 Seiten	kart.	4,80
0041	**Geschäftliche Briefe des Privatmannes, Handwerkers u. Kaufmannes.** Von A. Römer, 96 Seiten	kart.	5,80
0138	**Erfolgreiche Bewerbungsbriefe und Bewerbungsformen.** Von W. Manekeller, 88 S.	kart.	4,80
0173	**Die erfolgreiche Bewerbung.** Von W. Manekeller, 152 Seiten	kart.	8,80
0156	**Neue Glückwunschfibel.** Von R. Christian-Hildebrandt, 96 Seiten	kart.	4,80
0264	**Glückwünsche, Toasts und Festreden zur Hochzeit.** Von I. Wolter, 86 Seiten	kart.	4,80
0155	**Von der Verlobungsfeier bis zur goldenen Hochzeit.** Von B. Ulrici, 80 Seiten	kart.	4,80
0318	**Kindergedichte zur Grünen, Silbernen und Goldenen Hochzeit.** Von H. J. Winkler, 80 Seiten	kart.	4,80
0255	**Großes Buch der Glückwünsche.** Hrsg.: Olaf Fuhrmann, 240 S., Zeichn.	kart.	9,80
0277	**Glückwunschverse für Kinder.** Von Bettina Ulrici, 80 Seiten	kart.	4,80
0069	**Festreden und Vereinsreden.** Von K. Lehnhoff, 72 Seiten	kart.	4,80

MEHR WISSEN UND KÖNNEN

0272	**Reden — Verhandeln — Diskutieren.** Von Georg Bauer, 112 Seiten	kart.	7,80
0076	**Die Redekunst, Redetechnik, Rednererfolg.** Von Kurt Wolter, überarbeitet von Dr. W. Tappe, 80 Seiten	kart.	4,80
0170	**Maschinenschreiben durch Selbstunterricht, Band I.** Von O. Fonfara, 84 S., Abb.	kart.	4,80
0252	**Maschinenschreiben durch Selbstunterricht, Band II.** Von Hanns Kaus, 84 S., Abb.	kart.	4,80
0274	**Tipps+Tapps.** Maschinenschreib-Fibel für Kinder. Von Hanns Kaus, 48 S., Abb.	kart.	3,80
0266	**Stenografie — leicht gelernt.** Von Hanns Kaus, 64 Seiten	kart.	5,80
0254	**Deutsch für Italiener.** Von I. Nadalin, 156 Seiten	kart.	8,80
0261	**Deutsch für Jugoslawen (serbo-kroatisch).** Von I. Hladek/E. Richter, 132 Seiten	kart.	8,80
0262	**Deutsch für Türken.** Von B. I. Rasch/E. Richter, 136 Seiten	kart.	8,80
0100	**Rechnen aufgefrischt.** Von H. Rausch, 108 Seiten	kart.	5,80
0127	**Buchführung leicht gefaßt.** Von R. Pohl, 104 Seiten	kart.	6,80
0224	**Trinksprüche, Richtsprüche, Gästebuchverse.** Von D. Kellermann, 80 S., Illustrat.	kart.	4,80

DEUTSCH — IHRE NEUE SPRACHE — ein Kursusprogramm für Ausländer

0327	**Deutsch, Ihre neue Sprache.** Grundbuch. Von H. J. Demetz und M. Puente, 212 S. mit etwa 200 Abb.	kart.	14,80
0328	**Deutsch, Ihre neue Sprache.** Lehrerheft	kart.	3,80
0329	**Italienisch.** Glossar	kart.	6,80
0330	**Spanisch.** Glossar	kart.	6,80
0331	**Serbo-Kroatisch.** Glossar	kart.	6,80
0332	**Türkisch.** Glossar	kart.	6,80
0333	**Griechisch.** Glossar	kart.	6,80
0334	**Portugiesisch.** Glossar	kart.	6,80
0335	**Arabisch.** Glossar	kart.	6,80

DM

0336	**Englisch.** Glossar	kart. 6,80
0337	**Französisch.** Glossar	kart. 6,80
0338	**Tonband.** 13 cm, 9,5 cm/sec., 91 Min., Doppelspur	89,—
0339	**2 Compact-Cassetten.** 90 Min., einspurig	36,—
0340	**135 Diapositive.** Texterschließung der Lehreinheiten I—X	180,—

EHE UND FAMILIE

0251	**Vorbereitung auf die Geburt.** Schwangerschaftsgymnastik, Atmung, Rückbildungsgymnastik. Von Sabine Buchholz, 112 Seiten, 91 Fotos	kart. 6,80
0211	**Wie soll es heißen?** Von D. Köhr, 88 Seiten, Abbildungen	kart. 4,80
0287	**Kindergeburtstag.** Von Dr. Ilse Obrig, 104 S., 40 Abb., 11 Zeichn., Lieder mit Noten	kart. 5,80
0241	**Verse fürs Poesiealbum.** Von I. Wolter, 96 Seiten, 20 Abbildungen	kart. 4,80
0288	**Hochzeitszeitungen.** Von Hans-Jürgen Winkler, 104 S., 15 Abb., 1 Musterzeitung	kart. 5,80
0063	**Der gute Ton.** Von I. Wolter, 152 S., 38 Zeichn. und 8 Tabellen mit 28 Abb. . . .	kart. 6,80
0046	**Erbrecht und Testament.** Von Dr. jur. H. Wandrey, 96 Seiten	kart. 6,80

SKETSCHE UND VORTRAGSBÜCHER

0247	**Sketsche.** Von M. Gering, 132 Seiten mit 16 Illustrationen	kart. 6,80
0091	**Vergnügliches Vortragsbuch.** Von J. Plaut, dem Altmeister des Humors, 192 Seiten	kart. 6,80
0188	**Die große Lachparade.** Von E. Müller, 108 Seiten	kart. 6,80
0149	**Lachen, Witz und gute Laune.** Von E. Müller, 104 Seiten	kart. 5,80
0157	**Humor für jedes Ohr.** Von H. Ehnle, 96 Seiten	kart. 5,80
0163	**Tolle Sachen zum Schmunzeln und Lachen.** Von E. Müller, 91 Seiten	kart. 5,80
0098	**So feiert man Feste fröhlicher.** Von Dr. Allos, 96 Seiten	kart. 5,80
0284	**Lustige Vorträge für fröhliche Feiern.** Von K. Lehnhoff, 96 Seiten	kart. 6,80
0130	**Karnevalsscherze und Büttenreden.** Von Dr. Allos, 136 Seiten	kart. 6,80
0216	**Narren in der Bütt.** Zusammengestellt von Th. Lücker, 112 Seiten	kart. 5,80
0354	**Damen in der Bütt.** Scherze, Büttenreden, Sketche. Von Traudi Müller. 120 S. . .	kart. 6,80
0304	**Helau und Alaaf.** Närrisches aus der Bütt. Von Erich Müller, 112 S.	kart. 6,80

WITZE

0220	**Der Stammtisch lacht.** Von D. Mann, 96 Seiten, Geschenkband	kart. 6,80
0285	**Ostfriesenwitze I.** Gesammelt und herausgegeben von Onno Freese, 80 Seiten .	kart. 3,—
0286	**Ostfriesenwitze II.** Gesammelt von Enno van Rentjeborgh, 80 Seiten	kart. 3,—
0294	**Die Rache der Ostfriesen.** Von Peter Körner, 80 Seiten	kart. 3,—
0325	**Robert Lembkes Witzauslese.** 160 Seiten mit 10 Zeichn. von H. E. Köhler . . .	gbd. 14,80
0381	**Ostfriesen-Allerlei.** Von Timm Bruhns, 104 Seiten mit einigen Karikaturen, Taschenbuchformat	kart. 4,80
0368	**Fred Metzlers Witze mit Pfiff.** Von Fred Metzler, 120 Seiten, Taschenbuchformat .	kart. 6,80

GESELLIGKEIT, DENKSPORT UND QUIZ

0120	**Fidelitas und Trallala.** Von Dr. Allos, 104 Seiten, viele Abbildungen	kart. 6,80
0200	**Wir lernen tanzen mit dem Ehepaar Fern.** Von Ernst und Helga Fern, 168 Seiten, 125 Fotos und viele Schrittdiagramme	kart. 8,80
0249	**Wir lernen Modetänze mit dem Ehepaar Fern.** Von E. Fern, 128 S., mit 109 Fotos	kart. 7,80
0165	**Lustige Tanzspiele und Scherztänze.** Von E. Bäulke, 80 Seiten, Abbildungen . .	kart. 4,80
0192	**Wir geben eine Party.** Von R. Christian-Hildebrandt, 84 S., 8 Kunstdrucktafeln, Abb.	kart. 5,80
0362	**Denksport und Schnickschnack.** Von Jürgen Barto, 100 Seiten, 50 Abb.	kart. 6,80
0129	**Quiz.** Von R. Sautter, 96 Seiten	kart. 4,80
0246	**Großes Rätsel-ABC.** Von H. Schiefelbein, 416 Seiten, Efalin-Einband	gbd. 16,—
0182	**Rätsel lösen — ein Vergnügen.** Von E. Maier, 240 Seiten	kart. 9,80
0282	**Zaubertricks.** Von Jochen Zmeck, 244 Seiten, 115 Abbildungen	kart. 12,80

DIE WELT ENTDECKEN

Hier helfen erfahrene Fachleute jungen Menschen „Die Welt entdecken". Zündende Themen, mit modernsten Erkenntnissen aufbereitete Sachinformationen, wirklichkeitsgetreue Farbabbildungen, dazu ein Modellbauanhang bzw. Anregungen zum eigenen Experimentieren in jedem Band verlocken den Jugendlichen, sich mit seinem Interessengebiet eingehend zu beschäftigen. Ein ausführliches Sachwortregister ermöglicht ihm, auch neue Gebiete zu erforschen.

Hunde
Best.-Nr. 8015

Vorfahren des Hundes — Wölfe und Schakale — Hundeverehrung — Spuren- und Jagdhunde — Erster Hund im Weltraum — Schoßhunde und Streuner — Hunde im Dienste des Menschen — Sheepdog Trials in Australien — Hüter und Wächter

Pferde
Best.-Nr. 8016

Wildpferde — Kriegsrösser — Zugpferde — Sattel und Zaumzeug — Wagenpferde — Rodeo und Zirkus — Pferdestärken — Rennen und Springreiten — Anhang

Das Wetter
Best.-Nr. 8014

Mythen und Magie — Luftdruck — Einfluß des Wetters auf das Leben — Winde und Wellen — Monsunregen — Fluten und Katastrophen — Wirbelstürme — Fronten und Tiefs — Jetstreams — Wettervorhersagen — Wettersatelliten

Leben und Materie unter dem Mikroskop
Best.-Nr. 8017

Die ersten Mikroskope — Miniatur-Leben — Zellen — Der menschliche Körper — Präparieren — Elektronenmikroskope — Industrieforschung — Aufklärung von Verbrechen — Metalle und Mineralien — Kleinfossilien — Projekte

Leben in der Urzeit
Best.-Nr. 8013

Ursprünge des Lebens — Aus dem Meer auf das Land — Reptilien — Dinosaurier — Erste Vögel — Die Entwicklung der Säugetiere — Die ersten Menschen, ihr Leben und ihre Waffen — Erforschung der Urzeit — Fossilienfunde und ihre Datierung

Weiterhin in dieser Reihe lieferbar:

Autos

Eisenbahnen

Flugzeuge

Schiffe

Ozeane

Weltraum

Umwelt

Das Erdinnere

Bewegliche Modelle

Kommunikationen

Der menschliche Körper

Altertum

Die Römer

Die Griechen

Waffen

Jeder Band DM 9,80

HOBBY — DO-IT-YOURSELF

DM

0353	**Münzen.** Ein Brevier für Sammler. Von E. Dehnke, 128 S., viele Abbildungen . .	kart.	6,80
0291	**Freizeit mit dem Mikroskop.** Von Martin Deckart, 132 S., 60 Fotos u. 4 Zeichnungen	kart.	8,80
0283	**Tonbandpraxis.** Vön D. Pange, 84 Seiten, 15 Abbildungen	kart.	6,80
0342	**Schmalfilmen.** Von Uwe Ney. 100 S., viele Fotos, z. T. vierf., und Illustrationen . .	kart.	6,80
0320	**Häkeln und Makramee.** Von Dr. M. Stradal, 104 S., 243 Abb.	kart.	6,80
0205	**Stricken, häkeln, loopen.** Von Dr. M. Stradal, 96 Seiten, viele Abbildungen . . .	kart.	5,80
0185	**Selbstschneidern — mein Hobby.** Von H. Wöhlert, 128 Seiten, Abbildungen . . .	kart.	6,80
0183	**Moderne Basteleien für groß und klein.** Von I. Goldbeck, 84 S., viele Abbildungen	kart.	4,80
0269	**Das bunte Bastelbuch.** Von R. Scholz-Peters, 160 S., etwa 100 Abb., davon 40 farbig	kart.	8,80
0280	**Origami — die Kunst des Papierfaltens.** Von R. Harbin, 160 S., über 600 Zeichn.	kart.	8,80
0361	**Flugmodelle bauen und einfliegen.** Von W. Thies/W. Rolf, 160 Seiten, ca. 90 Abb. und 5 Faltpläne	kart.	9,80
0243	**Heimwerker-Handbuch.** Basteln und Bauen mit elektrischen Heimwerkzeugen. Von Bernd Käsch, 192 Seiten mit 180 Fotos und Zeichnungen	kart.	9,80
0289	**Selbst tapezieren und streichen.** Von D. Heitmann u. J. Geithmann, 96 S., 49 Fotos	kart.	5,80

DIE WELT ENTDECKEN

Farbig ausgestattete Jugendsachbücher für das Alter ab 8 Jahren
Aufgenommen in die Auswahlliste des Deutschen Jugendbuchpreises:

8001	**Autos.** Von Robert Wyatt, 48 S., 150 größtenteils vierfarbige Abb.	Pbd.	9,80
8002	**Eisenbahnen.** Von Rixon Bucknall, 48 S., 126 größtenteils vierfarbige Abb. . . .	Pbd.	9,80
8003	**Flugzeuge.** Von Kenneth Munson, 48 S., 132 größtenteils vierfarbige Abb. . . .	Pbd.	9,80
8004	**Schiffe.** Von Brian Benson, 48 S., 119 größtenteils vierfarbige Abb.	Pbd.	9,80
8005	**Ozeane.** Von Keith Andrews, 48 Seiten, ca. 150 größtenteils vierfarbige Abb. . .	Pbd.	9,80
8006	**Weltraum.** Von Kenneth Gatland, 48 Seiten, ca. 150 größtenteils vierfarbige Abb. .	Pbd.	9,80
8007	**Der Mensch und seine Umwelt.** Von A. Harris, 48 S., ca. 150 größtenteils vierf. Abb.	Pbd.	9,80
8008	**Die Erforschung des Erdinnern.** Von A. Davis, 48 S., ca. 150 größtenteils vierf. Abb.	Pbd.	9,80
8009	**Bewegliche Modelle zum Selbstbasteln.** Von H. T. Sutton, 48 S., über 150 Abb. .	Pbd.	9,80
8010	**Kommunikationen.** Von J. Bear, 48 S., über 140 größtenteils vierf. Abb.	Pbd.	9,80
8011	**Der menschliche Körper.** Von J. Noel, 48 S., über 120 größtenteils vierf. Abb. . .	Pbd.	9,80
8012	**Altertum.** Von C. Goff, 48 S., über 120 größtenteilsl vierf. Abb.	Pbd.	9,80
8013	**Urzeit.** Von R.-A. Gale, 48 S., über 100 größtenteils vierf. Abb.	Pbd.	9,80
8014	**Das Wetter.** Von Bill Bailey, 48 Seiten, viele farbige Abb.	Pbd.	9,80
8015	**Hunde.** Von Rex Marchant, 48 Seiten, viele farbige Abb.	Pbd.	9,80
8016	**Pferde.** Von T. Webber, 48 Seiten, weit über 100, größtenteils vierfarbige Abb. .	Pbd.	9,80
8017	**Mikroskop.** Von P. Kirkpatrick, 48 Seiten, über 100, größtenteils vierfarbige Abb. .	Pbd.	9,80

SPORT

0065	**Jiu-Jitsu.** Von B. Kressel, 84 Seiten, 83 Abbildungen	kart.	5,80
0111	**Neue Kniffe und Griffe im Jiu-Jitsu/Judo.** Von E. Rahn, 84 Seiten, 142 Fotos . .	kart.	5,80
0314	**Karate für alle.** Von Albrecht Pflüger. 112 Seiten mit 354 Fotos	kart.	8,80
0227	**Karate — ein fernöstlicher Kampfsport Band I.** Von A. Pflüger, 136 Seiten mit über 200 Fotos und Zeichnungen	kart.	9,80
0239	**Karate — Band II.** Von A. Pflüger, 160 Seiten mit 254 Abbildungen	kart.	9,80
0248	**Aikido.** Modernste japanische Selbstverteidigung. Von Gerd Wischnewski, 132 Seiten, 250 Abbildungen	kart.	9,80
0347	**Taekwon-Do.** Von K. Gil, 152 S., 387 Fotos	kart.	12,80
0305	**Judo.** Grundlagen und Methodik. Von Mahito Ohgo, 204 S., etwa 1000 Fotos . . .	kart.	14,80
0276	**Ju-Jutsu.** Waffenlose Selbstverteidigung. Von W. Heim/F.-J. Gresch, 155 S., Abb. .	kart.	9,80
0352	**Judo.** Go Kyo-Kampftechniken. Von M. Ohgo, 152 S., über 400 Abb.	kart.	16,80
0233	**Sicher durch Selbstverteidigung.** Von A. Pflüger, 136 S., 310 Fotos u. Zeichnungen	kart.	7,80
0371	**Schön, schlank und fit mit Kareen Zebroff.** Von Kareen Zebroff, 176 S., 137 Abb.	kart.	20,—
0373	**Nunchaku — Waffe und Sport. Selbstverteidigung.** Von Albrecht Pflüger, 144 S., 247 Abb.	kart.	16,80
0375	**Tennis — Technik. Taktik. Regeln.** Von Harald Elschenbroich, 112 Seiten, 81 Abb. .	kart.	6,80
0376	**Kung-Fu II — Theorie und Praxis klassischer und moderner Stile.** Von Manfred Pabst, 159 Seiten, 369 Abb.	kart.	12,80
0378	**Ju-Jutsu II — für Fortgeschrittene und Meister.** Von Werner Heim und Franz J. Gresch, 164 Seiten mit über 700 Abb.	kart.	16,80
0379	**Hap Ki Do — Grundlagen und Techniken koreanischer Selbstverteidigung.** Von Kim Sou Bong, 117 Seiten mit 152 Abb.	kart.	14,80

FALKEN BUNTE WELT

Antiquitäten
(4105) herausgegeben von Peter Philp, übersetzt von Britta Zorn, 144 Seiten mit über 250 Abbildungen, davon ca. 75 vierfarbig, Format 21 x 29 cm, gebunden, DM 19,80

Edelsteine und Mineralien
(4102) Von I. O. Evans, deutsch von K. F. Hasenklever, 128 Seiten, 140 vierfarbige und schwarz-weiße Abbildungen, gebunden, DM 19,80

Indianer
(4106) Von Royal B. Hassrick, übersetzt von Friedrich Griese, 144 Seiten mit 200 Fotos, teils in Farbe, Format 21 x 29 cm, gebunden, DM 19,80

Feuerwaffen
(4101) Von Richard Akehurst, deutsch von Elisabeth Schwarz, 128 Seiten, 170 vierfarbige und schwarz-weiße Abbildungen, gebunden, DM 19,80

Katzen
Rassen · Aufzucht · Pflege
(4109) Von Grace Pond und Elizabeth Towe, deutsch von D. von Buggenhagen, 144 Seiten mit über 100 Farbfotos, Pbd., DM 16,80

Pferde
(4103) Von Judith Campbell, deutsch von Angelika Haug, 128 Seiten, 154 vierfarbige und schwarz-weiße, zum Teil nie veröffentlichte Fotos, gebunden, DM 19,80

0321	**Gesundheit und Spannkraft durch Yoga.** Von Dr. L. Frank und U. Ebbers, 120 Seiten, 50 Fotos	kart.	DM 6,80
0341	**Yoga für Jeden mit Kareen Zebroff.** 142 Seiten, 135 Abb.	kart.	18,—
0349	**Yoga für Mütter und Kinder.** Von Kareen Zebroff, 128 Seiten, 139 Abbildungen	kart.	18,—
0279	**Basketball. Übungen und Technik für Schule und Verein.** Von Chris Kyriasoglou, 116 Seiten, 186 Fotos, 164 Zeichnungen	kart.	12,80
0351	**Volleyball.** Von H. Huhle, 102 S., 100 Abb.	kart.	9,80
0343	**Golf.** Von J. C. Jessop, 160 S., 50 Fotos	kart.	14,80
0350	**Bowling.** Von L. Belissimo, 144 S., Fotos	kart.	9,80
0191	**Fibel für Kegelfreunde.** Von G. Bocsai, 80 Seiten, über 60 Abbildungen	kart.	4,80
0271	**Beliebte und neue Kegelspiele.** Von G. Bocsai, 92 Seiten, Zeichnungen	kart.	4,80
0363	**Tischtennis modern gespielt.** Von O. Brucker/T. Harangozo, 120 Seiten, 65 Abb.	kart.	9,80
0198	**Angeln.** Von E. Bondick, 96 Seiten mit über 100 Abbildungen	kart.	4,80
0324	**Sportfischen.** Von Helmut Oppel, 144 Seiten mit Fotos, Abb. und Farbtafeln	kart.	8,80
0267	**Tauchen** — Grundlagen, Training, Praxis. Von W. Freihen, 136 Seiten, 50 Fotos	kart.	9,80
0316	**Segeln.** Von H. und L. Blasy, 112 Seiten, 54 Fotos und Abb.	kart.	6,80
0366	**Gesund und fit durch Gymnastik.** Von H. Pilss-Samek, 132 S. mit 150 Abb.	kart.	7,80
0367	**Kung Fu** — Grundlagen, Technik, mit 370 Fotos. Von Bruce Tegner, deutsche Bearbeitung von Albrecht Pflüger, 182 S.	kart.	14,80
0369	**Skischule.** Von Ch. und R. Kerler, 128 Seiten mit 100 Fotos	kart.	7,80

GARTEN, PFLANZEN, TIERE UND NATUR

0300	**Ikebana Band 1: Moribana.** Von Gabriele Vocke, 160 S., 40 Vierfarbtafeln, über 50 Schwarzweißfotos und Grafiken	Ppb.	19,80
0348	**Ikebana Band 2: Nageire.** Von G. Vocke, ca. 160 S., 32 Farbtafeln	Ppb.	19,80
0319	**Arbeitsheft zum Lehrbuch IKEBANA Bd. 1.** Von G. Vocke, 79 S., zahlreiche Grafiken	kart.	6,80
0199	**Fibel für Kakteenfreunde.** Von H. Herold, 92 Seiten, Farbtafeln	kart.	6,80
0245	**Die farbige Kräuterfibel.** Von I. Gabriel, 196 S., 144 Abb., davon 49 farbig	gbd.	12,80
0215	**Das farbige Pilzbuch.** Von Keller-Kronberger, 132 Seiten, 105 farbige Abbildungen	gbd.	8,80
0009	**Das neue Hundebuch.** Von W. Busack, überarbeitet von Dr. Hacker, 64 Seiten, zahlreiche Abbildungen auf Kunstdrucktafeln	kart.	5,80
0346	**Hundeausbildung.** Von R. Menzel, 94 S., 18 Fotos	kart.	7,80
0073	**Der deutsche Schäferhund.** Von Dr. Hacker, 104 S., viele Abb. auf Kunstdrucktafeln	kart.	6,80
0153	**Das Süßwasser-Aquarium.** Von W. Baehr, 132 S., Zeichn. und mehrfarbige Tafeln	kart.	6,80
0281	**Das Meerwasser-Aquarium.** Von Hans J. Mayland, 146 S., 200 Abb., viele vierfarbig	kart.	9,80
0290	**Vögel.** Ein Beobachtungs- und Bestimmungsbuch. Von Dr. Winfried Potrykus, 120 Seiten, 176 Abbildungen davon 160 farbig	gbd.	9,80
0372	**Tiernamen-ABC für Züchter und Tierfreunde.** Von Hans Schiefelbein, 104 Seiten	kart.	5,80
0380	**Pilze erkennen und benennen.** Von J. Raithelhuber, 136 Seiten mit über 100 Abb.	kart.	7,80

ESSEN, TRINKEN UND HAUSHALT

0323	**Miekes Kräuter- und Gewürzkochbuch.** Von I. Persy und K. Mieke, 96 S., 8 Farbt.	kart.	6,80
0315	**Modern Kochen.** 104 Seiten, 8 Farbtafeln	kart.	6,80
0345	**Garen im Herd.** Von E. Exner, 96 S., 9 Farbtafeln	kart.	6,80
0317	**Computer-Menüs zum Schlankwerden.** Von Dr. Maria Wagner und Ulrike Schubert, 92 Seiten, mit vielen Tabellen	kart.	6,80
0364	**Alles mit Obst.** Von M. Hoff/B. Müller, 96 Seiten, 8 Farbtafeln	kart.	6,80
0360	**Schonkost heute.** Von M. Oehlrich/U. Schubert, 140 Seiten, 8 Farbtafeln	kart.	9,80
0265	**Schnell gekocht — gut gekocht.** Von Irmgard Persy, 96 Seiten, vierfarbige Tafeln	kart.	6,80
0169	**Leckereien vom Spieß oder Grill.** Von J. Zadar, 80 Seiten, Abbildungen	kart.	5,80
0222	**88 köstliche Salate.** Von Chr. Schönherr, 104 Seiten, 8 Farbtafeln	kart.	6,80
0357	**Saucen.** Von Giovanni Cavestri, 96 S., 12 Farbtafeln	kart.	7,80
0365	**Fritieren — neu.** Von Marianne Bormio, 96 Seiten	kart.	6,80
0370	**Selbst Brotbacken.** Von Jens Schiermann, 80 Seiten	kart.	6,80
0356	**Tee für Genießer.** Von Marianne Nicolin, 64 S., 4 Farbt.	kart.	5,80
0075	**Cocktails und Mixereien.** Von J. Walker, 88 Seiten, Zeichnungen	kart.	4,80
0187	**Neue Cocktails und Drinks.** Von Chr. Taylor, 84 Seiten, Zeichnung., Geschenkband	kart.	6,80
0382	**Alles mit Joghurt — tagfrisch selbstgemacht. Mit vielen Rezepten.** Von Gerda Volz, 88 Seiten mit 8 Farbtafeln	kart.	6,80
0374	**Kalorien. Joule — Eiweiß. Fett. Kohlehydrate.** Von Marianne Bormio, 88 Seiten	kart.	4,80

GESUNDHEIT

0110	**Fibel für Zuckerkranke.** Von Dr. med. Th. Kantschew, 132 S., Zeichn. und Tab.	kart.	6,80
0106	**Die Leber- und Gallenleiden.** Von Dr. med. W. Rohrbach, Dr. med. F. Hube. 72 S.	kart.	6,80

Falken farbig

Falken-farbig ist eine Auswahl praktischer und preiswerter Gebrauchsbücher, mit herrlichen Farbbildern ausgestattet. Die Titel sind besonders zum Verschenken geeignet: Für Freunde und Kollegen, für anspruchsvolle Liebhaber schöner Dinge, für Spezialisten und Hobbyisten.

Oldtimer
Von H. P. Tillenburg, gbd., DM 9,80 64 Seiten, über 50 Farbabb., Best.-Nr. 5019

Desserts und süße Leckerbissen
Von Margit Gutta, gbd., DM 9,80 64 Seiten, 38 Farbabb., Best.-Nr. 5020

Kakteen
Von Werner Hoffmann, gbd., DM 9,80 64 Seiten, 67 Farbabb., Best.-Nr. 5021

Österreichische Küche
Von Helga Holzinger, gbd., DM 9,80 64 Seiten, 35 Farbabb., Best.-Nr. 5022

Zimmerpflanzen
Von Inge Manz, gbd., DM 9,80 64 Seiten, 98 Farbabb., Best.-Nr. 5010

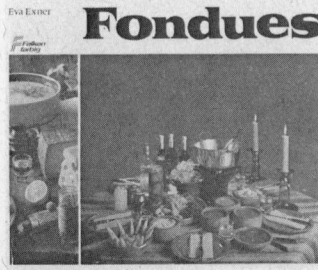

Fondues
Von Eva Exner, gbd., DM 9,80 64 Seiten, 20 Farbabb., Best.-Nr. 5006

Weiterhin sind in dieser Reihe erschienen:

für Hobbyköche und Genießer:

Grillen (Best.-Nr. 5001)

Salate (Best.-Nr. 5002)

Der schön gedeckte Tisch (Best.-Nr. 5005)

Chinesisch kochen (Best.-Nr. 5011)

Kalte Platten (Best.-Nr. 5015)

Französisch kochen (Best.-Nr. 5016)

Mixen (Best.-Nr. 5017)

für Garten- und Blumenfreunde:

Gärtnern für Anfänger (Best.-Nr. 5004)

Blumenpracht im Garten (Best.-Nr. 5014)

für Hobby und Freizeit:

Aquarienfische (Best.-Nr. 5003)

Heiße Öfen (Best.-Nr. 5008)

Segeln (Best.-Nr. 5009)

Die Selbermachers renovieren ihre Wohnung (Best.-Nr. 5013)

Tanzstunde (Best.-Nr. 5018)

für Kinder:

Lirum, larum, Löffelstiel (Best.-Nr. 5007)

Zeichnen und malen leicht gemacht (Best.-Nr. 5012)

KARTEN-, UNTERHALTUNGS- UND ANDERE SPIELE   DM

0095	**Neues Buch der Kartenspiele.** Von K. Lichtwitz, 84 Seiten	kart. 4,80
0206	**Das Skatspiel.** Von K. Lehnhoff, bearbeitet von Alt-Skatmeister P. A. Höfges, 96 S.	kart. 4,80
0141	**Die Bridge-Fibel.** Von H. Landsberg, 144 Seiten	kart. 9,80
0104	**Das Schachspiel.** Von W. Wollenschläger, 72 Seiten, Diagramme	kart. 4,80
0219	**Taktik und Probleme des Schachspiels.** Von R. Teschner, 96 Seiten, viele Schach- diagramme	kart. 5,80
0121	**Roulette richtig gespielt.** Von M. Jung, 96 Seiten, zahlreiche Tabellen	kart. 6,80
0270	**Spiele für zwei Personen.** Von I. Wolter, 148 Seiten, viele Zeichnungen	kart. 6,80

FALKEN FARBIG

5001	**Grillen.** Von Inge Zechmann, 64 Seiten, 38 Farbabb.	gbd. 9,80
5002	**Salate.** Von Inge Zechmann, 64 Seiten, 47 Farbabb.	gbd. 9,80
5003	**Aquarienfische des tropischen Süßwassers.** Von Hans J. Mayland, 64 Seiten, 98 Farbabb.	gbd. 9,80
5004	**Gärtnern für Anfänger.** Von Inge Manz, 64 Seiten, 38 Farbabb.	gbd. 9,80
5005	**Der schön gedeckte Tisch.** Von R. Stender, 64 S., 62 Farbabbildungen	gbd. 9,80
5006	**Fondues.** Von Eva Exner, 64 Seiten, 20 Farbabbildungen	gbd. 9,80
5007	**Lirum, larum Löffelstiel.** Ein Kinderkochkursus. Von I. Becker, 64 Seiten, 50 vier- farbige Abb. und Illustrationen, Spiralheftung	kart. 7,80
5008	**Heiße Öfen.** Von H. Briel, 64 S., 63 Farbabb.	gbd. 9,80
5009	**Segeln.** Von Horst Müller, 64 S., 40 Farbabb.	gbd. 9,80
5010	**Zimmerpflanzen.** Von I. Manz, 64 S., 98 Farbabb.	gbd. 9,80
5011	**Chinesisch kochen.** Von K.-H. Haß, 64 S., 33 Farbabb.	gbd. 9,80
5012	**Zeichnen und malen leicht gemacht.** Von C. Timm, 64 S., 120 Farbabb.	gbd. 9,80
5013	**Die Selbermachers renovieren ihre Wohnung.** Von W. Köhnemann, 148 S., viele Farbabb.	kart. 14,80
5014	**Blumenpracht im Garten.** Von Inge Manz, 64 Seiten, 93 Farbabb.	gbd. 9,80
5015	**Kalte Platten — Kalte Büfetts.** Von Margit Gutta, 64 Seiten, 33 Farbabb. . . .	gbd. 9,80
5016	**Französisch kochen.** Von Margit Gutta, 64 Seiten, 35 Farbabb.	gbd. 9,80
5017	**Mixen mit und ohne Alkohol.** Von Holger Hofmann, 64 Seiten, 35 Farbabb. . . .	gbd. 9,80
5018	**Tanzstunde.** Von Gerhard Hädrich, 118 Seiten, ca. 370 Fotos und Schrittskizzen .	gbd. 15,—
5019	**Oldtimer.** Die technische Entwicklung des Autos. Von H. P. Tillenburg, 64 Seiten, über 50 Fotos	gbd. 9,80
5020	**Desserts und süße Leckerbissen.** Von M. Gutta, 64 Seiten mit 38 Farbabb. . . .	gbd. 9,80
5021	**Kakteen. Herkunft, Anzucht, Pflege.** Von Werner Hoffmann, 64 Seiten mit 67 Farb- abbildungen	gbd. 9,80
5022	**Österreichische Küche.** Von Helga Holzinger, 64 Seiten mit 35 Abb.	gbd. 9,80
5023	**Die lieben Haustiere.** Von Justus Pfaue, etwa 128 Seiten, viele Abb.	kart. ca. 12,80
5024	**Gemüse und Kräuter — frisch und gesund aus eigenem Anbau.** Von Mechtild Hahn, 64 Seiten, 71 Abb.	gbd. 9,80
5025	**Deutsche Spezialitäten.** Von R. Piwitt, 64 Seiten, 36 Abb.	gbd. 9,80
5026	**Italienische Küche.** Von Margit Gutta, 64 Seiten, 33 Abb.	gbd. 9,80
5027	**Tanzstunde 2 — Figuren für Fortgeschrittene.** Von Gerd Hädrich, 72 S., 233 Abb. .	gbd. 10,—
5028	**Segelsurfen — Handbuch für Grundschein und Praxis.** Von Calle Schmidt, 64 S., mit 40 bis 50 Abb.	gbd. 9,80
5030	**Wie behandle ich meinen Chef? Praktische Psychologie für Erfolg im Beruf.** 80 Seiten mit einigen Karikaturen	gbd. 9,80

FALKEN + ASS

2001	**Kartenspiele.** Von C. D. Grupp, 144 Seiten	kart. 7,80
2002	**Spielend Schach lernen.** Von Th. Schuster, 128 Seiten	kart. 6,80
2003	**Patiencen in Wort und Bild.** Von I. Wolter, 136 S.	kart. 7,80
2004	**Spieltechnik im Bridge.** Von V. Mollo / N. Gardener, deutsche Adaption von D. Schröder, etwa 200 Seiten	kart. 16,80
2005	**Alles über Skat.** Von G. Kirschbach, 144 Seiten	kart. 7,80
2006	**Gesellschaftsspiele für drinnen und draußen.** Von Heinz Görz, 128 S.	kart. 6,80
2007	**Würfelspiele.** Von Friedrich Pruss, 112 Seiten	kart. 6,80
2008	**Backgammon für Anfänger und Könner.** Von G. W. Fink und G. Fuchs, 112 Seiten, viele Zeichnungen	kart. 9,80
2009	**Kinderspiele, die Spaß machen.** Von H. Müller-Stein, 112 Seiten mit vielen Abb.	kart. 6,80
2010	**Kartentricks.** Von T. A. Rosée, 80 Seiten, viele Zeichnungen	kart. 5,80
2011	**Spiele für Kleinkinder.** Von Dieter Kellermann, 80 Seiten	kart. 5,80
2012	**Spielend Bridge lernen.** Von Josef Weiss. 108 Seiten	kart. 7,80
2013	**Glücksspiele mit Kugel, Würfel und Karten.** Von Claus D. Grupp, 116 Seiten . .	kart. 7,80
2014	**Spielen mit Rudi Carrell — 113 Spiele für Party und Familie.** Von Rudi Carrell, 160 Seiten mit vielen Abb.	gbd. 14,80

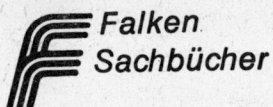

Falken
Sachbücher

FAMILIE
UND FREIZEIT

Das Aquarium
Einrichtung, Pflege und Fische für
Süß- und Meerwasser
334 Seiten mit über 200 Farbabbildungen und Farbtafeln sowie 150
Zeichnungen und Skizzen
DM 36,— (Best.-Nr. 4029)

Moderne Fotopraxis
Bildgestaltung · Aufnahmepraxis ·
Kameratechnik · Fotolexikon
304 Seiten mit über 200 Abbildungen, davon 50 vierfarbig
DM 29,80 (Best.-Nr. 4030)

Der praktische Hausarzt
768 Seiten, über 550 Abbildungen und 16 Farbtafeln
DM 19,80 (Best.-Nr. 4011)

Ikebana-modern
Die Kunst des Blumenarrangierens
168 Seiten, davon 40 ganzseitige
Vierfarbtafeln und viele Zeichnungen, DM 36,— (Best.-Nr. 4031)

Großes Kräuter- und Gewürzbuch
608 Seiten, 40 Farbtafeln und etwa
300 Abbildungen, gebunden DM 26,—
(Best.-Nr. 4026)
Eine Zusammenstellung von über
300 Kräutern und ihre Anwendung
als Heilpflanzen und Gewürze

**Zeitgemäße Beschäftigung
mit Kindern**
512 Seiten, 16 Farbtafeln,
DM 29,80 (Best.-Nr. 4025)

Wir spielen
hunderte Spiele für einen
und viele
(4034) Von Heinz Görz,
430 Seiten mit 370 farbigen
Zeichnungen, gbd., DM 26,—

DIE GROSSEN FALKENBÜCHER

4003 Ich bekomme ein Kind
Von Ursula Klamroth und Wibke Bruhns unter Mitarbeit mehrerer Fachärzte.
268 Seiten, 90 Fotos und 32 Grafiken, gbd., vierfarbiger Schutzumschlag,
DM 16,80

4009 Großes Buch festlicher Reden und Ansprachen
Eine Mustersammlung insbesondere für öffentlich-rechtliche und wirtschaftliche
Veranstaltungen. Unter Mitwirkung zahlreicher Fachautoren, herausgegeben von
Dipl.-Kfm. Frank Sicker. 448 Seiten, Lexikon-Format, Ganzleinen gebunden.
DM 34,—

4011 Der praktische Hausarzt
Ein hausärztlicher Ratgeber. Unter Mitarbeit vieler Fachärzte koordiniert von Dr.
Eric Weiser. 700 Seiten, über 500 Fotos und Zeichnungen sowie 16 mehrfarbige
Bildtafeln. Format 17 x 24 cm, Festband, cellophanierter Schutzumschlag,
DM 19,80.

Aus dem Inhalt: Bau und Funktion des menschlichen Körpers — Gesunde Lebens-
weise — Natürliche Hygiene des Geschlechts- und Ehelebens — Gesundheitspflege
der Frau, des Säuglings und Kindes — Der kranke Mensch und seine Behandlung — Das Naturheilverfahren und praktische Ratschläge für Krankheit und Un-
fall — Erste Hilfe bei Unfällen — Die verschiedenen Diätformen.

4013 Judo — Grundlagen des Stand- und Bodenkampfes
Geschlossener Lehrgang sämtlicher Judo-Techniken von W. Hofmann.
228 Seiten, fast 600 Fotos, Großformat, gebunden DM 26,—

Wolfgang Hofmann ist Deutschlands erfahrenster Judo-Fachmann. Nach 12 deutschen und 3 Europa-Meisterschaften krönte er seine sportliche Laufbahn mit der
Silbermedaille bei der Olympiade in Tokio.

4014 Moderne Korrespondenz
Von H. Kirst und W. Manekeller. 568 Seiten, gebunden ca. DM 39,—

Durch bessere Briefe mehr Erfolg! Hier liegt der umfassende Ratgeber aus der
Praxis für die Praxis unter Berücksichtigung aller Formen und DIN-Normen vor.

4015 Umgangsformen heute
Die Empfehlungen des Fachausschusses für Umgangsformen. 308 Seiten, ca. 150
Fotos und 50 Abbildungen, gebunden, DM 24,—

4018 Basteln und werken mit tesa
Farbenfroh und kinderleicht. Von Friedericke Baresel-Anderle.
256 Seiten, über 300 vierfarbige Abbildungen, Pappband, DM 22,—

Über 200 Bastelanleitungen für die verschiedensten Materialien: Papier, Karton,
Pappe, Filz, Leder, Holz, Kreide, Draht und Metall sowie für Materialien aus der
Natur und dem Haushalt.

4022 Der große Rätselknacker
Über 100 000 Rätselfragen. Zusammengestellt von H.-J. Winkler, 544 Seiten, Lexi-
konformat, kart. DM 19,80

4024 Flugzeuge
Von E. Angelucci, deutsche Bearbeitung von Edouard Schartz. 288 Seiten, viele
Farbabbildungen, Balacron-gbd. DM 36,—
1000 Maschinen aus aller Welt mit sämtlichen technischen Daten — vom ersten
Fluggerät bis zum Überschalljet.

4025 Zeitgemäße Beschäftigung mit Kindern
Von Ingeborg Rathmann. 496 Seiten, über 400 Abb., gebunden DM 29,80
Vielfältige Anregungen zum Spielen, Lernen und zur Unterhaltung für kleine und
große Kinder.

4026 Großes Kräuter- und Gewürzbuch
Von Heinz Görz. 648 Seiten, über 200 Zeichnungen, farbig, gbd. DM 26,—
Heilkräuter-Erkennung und ihre Anwendung, Gewürzgewinnung, Lagerung und
Verarbeitung. Mit vielen Rezepten.

4028 Karate-Do
Das Handbuch des modernen Karate.
Von Albrecht Pflüger, 360 Seiten, über 1100 Abb., gbd. DM 28,—
Eine umfassende und mit über 1100 Abbildungen illustrierte Darstellung des modernen Karate für Anfänger, Fortgeschrittene und Meister.

4029 Das Aquarium
Einrichtung, Pflege und Fische für Süß- und Meerwasser. Von Hans J. Mayland, 352 Seiten mit über 200 Farbabbildungen und Farbtafeln sowie 150 Zeichnungen und Skizzen, Format 19,5 x 21 cm, Balacron mit vierfarbigem Schutzumschlag, abwaschbare Polyleinprägung, DM 36,—

4030 Moderne Fotopraxis
Bildgestaltung — Aufnahmepraxis — Kameratechnik. Fotolexikon. Von Wolfgang Freihen, 360 Seiten mit über 200 Abbildungen, davon 50 vierfarbig, Format 19,5 x 21 cm, Balacron mit vierfarbigem Schutzumschlag, abwaschbare Polyleinprägung, DM 29,80

4031 Ikebana modern
Die Kunst des Blumenarrangierens. Von G. Vocke, 168 S., davon 40 ganzseitige Vierfarbtafeln und viele Zeichnungen, Format 21 x 26 cm. Ganzleinen mit vierfarbigem, cellophaniertem Schutzumschlag, DM 36,—

4032 Grillen — drinnen und draußen
Von C. Arius, 160 Seiten mit 35 ganzseitigen Vierfarbtafeln, Format 19,5 x 21 cm, Balacroneinband, gbd., DM 19,80

4033 Kinderfeste — daheim und in Gruppen
Von Gerda Blechner, 240 Seiten mit vielen Abb., Format 19,5 x 21 cm, Balacroneinband, DM 19,80

FALKEN BUNTE WELT

4101 Feuerwaffen
Von Richard Akehurst. 128 Seiten, 170 vierfarbige und schwarz-weiße Abbildungen, gebunden DM 19,80

4102 Edelsteine und Mineralien
Von I. O. Evans, 128 Seiten, 140 vierfarbige und schwarz-weiße Abbildungen, gebunden DM 19,80

4103 Pferde
Von Judith Campbell. 140 Seiten, 154 vierfarbige und schwarz-weiße Abbildungen, gebunden DM 19,80

4104 Wildtiere Europas
Von Maurice Burton, deutsche Bearbeitung Michael Geisthardt, 172 Seiten, 230 farbige Abbildungen, gbd. DM 24,—
Die heute in Europa in freier Natur lebenden Tiere werden in einer Fülle prächtiger vierfarbiger Bilder vorgestellt.

4105 Antiquitäten
Von Peter Philp. 144 Seiten mit über 250 Abbildungen, davon ca. 75 vierfarbig, gebunden, DM 19,80

4106 Indianer

Von Royal B. Hassrick, 144 Seiten mit 200 Fotos, teils in Farbe, gbd., DM 19,80

4107 Cowboys

Von Royal B. Hassrick, dt. von R. Schastock, 141 Seiten, über 160 Abb., meist vierfarbig, Pbd., DM 19,80

4108 Kampfsport Fernost

Kung-Fu. Judo. Karate. Kendo. Aikido. Von Jim Wilson, dt. von H.-J. Hesse, 88 Seiten mit 164 Abb., meist farbig, Pbd., DM 22,—

Wilhelm Busch-Ausgaben

3028	**Wilhelm-Busch-Album.** 405 Seiten, 1700 farbige Abb.			Ln.	DM 36,—
3062	**Humoristischer Hausschatz.** Von W. Busch, 368 S., 1600 Abb.		gbd.	DM 16,80
3032	**Kritik des Herzens.** Von W. Busch, 100 Seiten		gbd.	DM 9,80
3034	**Schein und Sein.** Gedichte, von W. Busch, 114 Seiten		Ln.	DM 9,80

Sonderausgaben

9038 Gut kochen. Von Stefanie Michael. Über 500 Rezepte mit genauer Kalorienangabe auf 230 Seiten mit 16 Farbtafeln. . . . gbd. DM 9,80

9041 Das große Gartenbuch. Von J. K. Gassner. 320 Seiten, viele ein- und mehrfarbige Abbildungen. Großformat. . . . . . . gbd. DM 12,80

Falls durch Preiserhöhungen der Lieferanten Änderungen erforderlich werden, erfolgt Auftragserledigung zu dem bei Lieferung gültigen Preis.

Alle hier genannten Preise entsprechen dem Stand bei Drucklegung dieses Verzeichnisses.

FALKEN-VERLAG ERICH SICKER KG · 6272 NIEDERNHAUSEN/TS.

BESTELLSCHEIN (Bitte ausschneiden und als Briefdrucksache frankiert im Umschlag einsenden)

Ich bestelle hiermit aus dem Falken-Verlag, Postfach 1120, 6272 Niedernhausen/Ts., durch die Buchhandlung:

.... Ex. ....

.... Ex. ....

.... Ex. ....

.... Ex. ....

.... Ex. ....

Name: .... Ort: ....

Beruf: ....Straße u. Nr. ....

Datum: .... Unterschrift: ....